叢書 THINK OUR EARTH
6 地球発見

デジタル地図を読む

Digital Map Reading

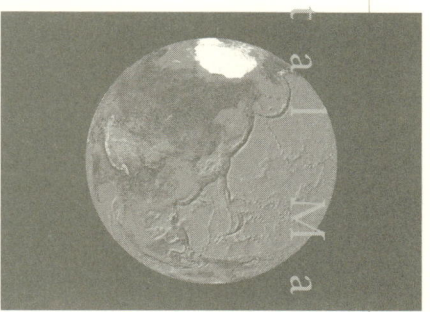

矢野桂司

ナカニシヤ出版

まえがき

　1980年代後半にはじまる地理情報システム（Geographic Information Systems: GIS）革命は，地図を扱うさまざまな分野に大きな影響を与えてきた。20世紀末のIT技術の発展は，バイオテクノロジー，ナノテクノロジー，そしてGISが大きく関わるジオテクノロジーといった3つの新しい科学の領域を押し広げたといわれる。

　地表を観察する技術は，「離れて見る」という意味のリモートセンシングとよばれるが，高台からの眺望は，気球や飛行機，そして宇宙船からの眺めに替わり，地表面の記録方法は，手書きのスケッチから，空中写真，そして現在では，人工衛星からの電磁波によるセンサのデジタル情報へと発展している。気象衛星「ひまわり（5号）」（現在は，後継の「ゴーズ（9号）」へ，そして最近打ち上げに成功した「ひまわり（6号）」へ移行している）の映像が毎日茶の間に流れることからも，地球は狭くなったといえる。こうした地球観測衛星以外に，1m高解像度のセンサを搭載した商業用人工衛星，そして，軍人の肩に記された階級章を判別する軍事衛星が打ち上げられているという（これは「ゴルゴ13」の世界か）。さらに，カーナビゲーションや携帯電話でも受信されるGPS衛星が飛び交う。人工衛星どうしの衝突を心配しなければならない時代に入った。私たちは，

周りに誰もいなくても安心できず，頭のはるか上空から毎日覗き見されているのである。

また，IT革命が社会にもたらした技術革新は，人々の生活や思考方法を大きく変化させてきた。海によって隔てたられた国家間の情報伝達手段は，船から飛行機，そして海底ケーブルでの電話回線，さらに，衛星デジタル通信へと発展し，世界は間違いなく縮んでいる。そして，インターネットを介して，自宅やオフィスなどのコンピュータ，そして個人がもち運ぶ携帯電話までもがつながり，近い将来，すべてのものにICチップが埋め込まれる時代がくるかもしれない。

こうしたIT技術の目覚ましい発展の中で人間のコミュニケーション方法が大きく変わりつつある。携帯電話での会話は，2人の距離の壁をなくし，インターネットを介したTV電話により，2人の間はさらに縮まる。こうしたコミュニケーション空間は仮想現実の世界である。これまではSFの世界であったバーチャルな世界が実際に創造されるようになった。

映画『マトリックス』の中で，仮想現実を考えさせる一幕がある。「リアルとは何か？」「あなたはリアルをどのように定義する？」「もし，リアルが，あなたが感じるもの，あなたが匂いをかぐことができるもの，そして，あなたが食べたり，みたりするものであるとするならば，リアルは単に脳によって解釈された電気信号に過ぎない」。

サイバー・スペース（仮想空間）などコンピュータ上で現実空間のモデルを再構築する試みが，さまざまな分野で行なわれ

るようになってきた。サイバー・スペースの cyber は，ギリシャ語の kyber「巡航する・操縦する（英語の navigate）」を語源とするもので，サイバー・スペースは，航行可能なあるいは操縦可能な空間（navigable space）を意味する。それゆえ，サイバー・スペースは，技術そのものよりも IT 技術やコミュニケーション技術の中にある概念的な空間であるといえる。

　空間を科学する地理学は，このようなサイバー・スペースをどのように記述・説明するのか。この本で紹介する GIS は，サイバー・スペースの案内図であるデジタル地図を操作するための必須のツールであり，羅針盤である。

目　次

まえがき ─────────────────── i

1 現実世界のマッピング ─────────── 3
変形する時・空間／関係をマッピングする

2 デジタル地図で社会を理解する ─────── 14
主題図の作成方法／GISによる主題図／デジタル社会地図／ジオデモグラフィクス

3 デジタル地図を触る ─────────── 49
政府によるデジタル地図／さまざまなデジタル地図／デジタル地図の光と影

4 デジタル地図を4次元化する ───────── 91
──京都バーチャル時・空間の構築

バーチャル空間／現在の京都の景観要素の2次元GIS／2次元GISから3次元GISへ／過去の京都バーチャル空間／4次元GISとしての京都バーチャル時・空間

終章 デジタル地図からバーチャル空間へ —— 142

　参考文献 ——————————————— 145
　あとがき ——————————————— 147

デジタル地図を読む

叢書・地球発見6

［企画委員］

千田　稔
山野正彦
金田章裕

1　現実世界のマッピング

　地図は現実空間のモデルである。モデルとは，複雑な現象を抽象化して，理解しやすくする思考過程の1つである。あらゆる科学は，複雑な現実世界を合理的に理解することを目的としている。現実世界を記述し，解釈し，そして，より良い社会を創出するために，それぞれの学問分野は，独自の方法論をもって，その科学的な営みを追究する。

　アカデミックな科学としての地理学の役割は，私たちを取りまく現実世界の空間を説明すること，そして，人間社会の本質，私たちが生きる経済，社会，政治，文化的生活をモニターすることである。そのためには，空間的な視点からのアプローチが不可欠となる。この特徴が，地理学を他の自然科学や社会科学と区別する要因ともなっている。すなわち，地理学者は，研究対象の空間次元を常にはっきりとその成果の中に取り込んできたのである。

　そのもっとも典型的な分析方法が地図表現である。地図は，世界を理解し，説明する方法をなすものであり，空間的関係を分類し，表現し，会話する強力な視覚的ツールである。そして，

地理情報は，空間を構成する重要な要素の位置，形，大きさ，それらの間の結合に関する情報のデータベースといえる。

空間を科学する地理学は，これまで多次元の現実空間を視覚可能な2次元の地図に投影し，現実世界を記述・説明・予測してきた。地理学が対象とする空間は，地表上の客観的な物理空間から，時間や費用などの相対空間へ，そしてさらに，主観的な空間，あるいは頭の中の認知空間へと広がり，現在は，GISを通して，コンピュータの中に創られた空間をも対象としはじめた。

この章では，現実空間を地図化するとはどういうことなのかを示していくことにする。

1 変形する時・空間

いま，東京と京都の東海道の距離を考えてみよう。距離をどのように定義するかは難しい。試しに，「東京から京都までどのくらいですか？」と尋ねてみよう。「2時間20分くらいかな」「1万2千円ぐらいかな」「500 km くらいかな」といったさまざまな答えが返ってくるだろう。距離には，物差しで測れる物理距離以外に，時間距離や費用距離などがある。これらの距離は，経路や利用交通手段などを定義してやれば，客観的に測定することができる。しかし，時間距離や費用距離は時代とともに大きく変化する（もちろん，地球上の地点間の物理距離も，プレートテクトニクスなどにより1年間に数ミリ動くことが知ら

れているが)。

　例えば，東海道五十三次の日本橋から三条大橋までの旧東海道の街道の物理距離は126里（約495 km）ある。そして，旧東海道が整備された江戸時代，一般的には徒歩で13日から15日かかったといわれる。

　一方，鉄道に目を向けると，東京〜京都間は，現在の東海道本線とほぼ同じ経路が完成した昭和初期において，蒸気機関車の超特急「燕」で7時間25分，電化された1956年で6時間59分，1964年の東海道新幹線開業時の超特急「ひかり」で4時間弱であったが，現在では，「のぞみ」で2時間20分である。そして，将来，リニアモーターカーが実用化されると，東京〜大阪間でも1時間で結ばれる計画であるという。時代とともに，空間が縮んでいるのである。

　距離を定義し，2地点間の距離を計測することは，当該の2地点間の「関係」を測ることに他ならない。「彼女とは近ごろ距離がある」などのように，人間関係も距離で表現されることがある。それゆえ，ある空間において，2つの対象間の距離が短かければ両者の関係は強く，長ければ両者の関係は弱い，と考えられる。多様な空間の中で，このような対象間の距離に基づいて，さまざまな経済的・社会的・文化的関係が繰り広げられているといえる。

　日常生活で体験する時間の空間を考えてみよう。例えば，中国・四国地方では，本州〜四国をつなぐ連絡橋の建設と，縦横に走る高速道路の開通によって，都市間の時間距離が大きく変

化している。いま，中国・四国地方の主要都市間の時間距離を，道路距離から算出することにする。一般道では時速 30 km，高速道路では時速 80 km で走行し，本四連絡橋の建設前は，フェリーを利用すると仮定する（図 1-1）。高速道路と本四連絡橋が建設される前の状態は，日本地図で見なれた中国・四国の形とほぼ同じである（図 1-2 (a)）。そして，計画されている高速

図 1-1　中国・四国地方の交通体系（1980 年 9 月末現在）
（藤目（1983）より転載）

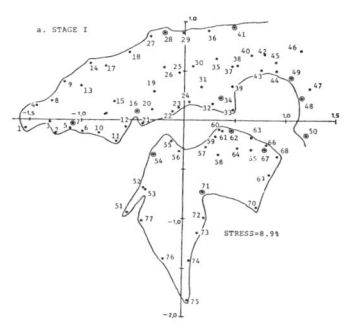 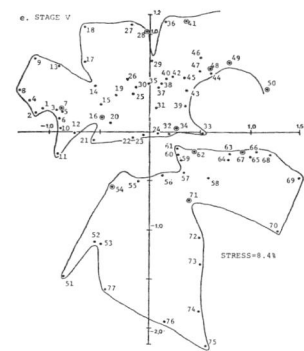

(a) 計画前の時間距離　　　　(b) 計画後の時間距離
図1-2　中国・四国の時・空間マップ
（藤目（1983）より転載）

　道路が開通し，本四連絡橋が建設されると，インターチェンジや連絡橋付近の都市間の時間距離が短くなる。その結果，中国・四国の時空間は，高速道路や本四連絡と関連した都市間では収縮し，逆に，それらの交通施設とあまり関係のない都市は相対的に周辺に追いやられることになる（図1-2（b））。時空間は交通体系の変化によって大きく変形していくのである。近づきやすさを示す近接性は，長期的に，地域や都市の発展や衰退に大きな影響を与えてきた。このことは，河川輸送や海運から鉄道輸送へ，そして道路輸送へといった主要な交通手段の変化に対応して，港町や街道筋の宿場町が廃れ，鉄道駅やインターチェンジを中心とした都市が発展してきたという歴史的事実によって明らかである。

2　関係をマッピングする

　前節の中国・四国地方の時・空間はどのように地図化されたのであろうか。交通体系の変化によってねじれた時・空間は，本質的には，2次元のユークリッド空間上では表現しきれない。

　このような多次元で複雑な非ユークリッド空間[*1]上の対象の位置関係を目にみえる形で地図化する方法は，多次元尺度構成法（Multi-Dimensional Scaling: MDS）とよばれる。この方法は多変量解析[*2]の一種で，1970年代に米国のベル研究所で開発されたものである。MDSは，1970年代後半から，日本の心理学や地理学でも用いられるようになるが，当時はプログラムソフトが普及しておらず，適用事例は限定されていた。しかし，現在では，SPSS[*3]などの代表的な統計パッケージの中にもMDSは取り込まれ，誰でも簡単に適用できるようになった。

　MDSを理解する上で面白いマンガの比喩(ひゆ)がある。昔のディズニー・アニメでは，いたずら猫が車に轢(ひ)かれて「ペロッ」と

[*1] ユークリッド空間とは，「三角形の内角の和が180°」あるいは「2点の最短距離が直線で与えられる」といった法則が常に成り立つような特別な性質をもった空間。そうした法則が成り立たない，より広義な空間を非ユークリッド空間とよぶ。

[*2] 地理行列などの複数の変数に関するデータをもとにして，これらの変数間の相互関連（相関係数など）を分析する統計的技法の総称で，重回帰分析，主成分分析，因子分析などがある。

なる場面がある。3次元の猫が2次元になる瞬間である。MDSは多次元のものを，視覚的に理解しやすい，より少ない次元に置き換える方法であるといえる。このアニメのたとえで重要な点は，3次元空間での猫を2次元空間で表現する際に，3次元の猫の情報量があまり損失していない点にある（その証拠に「ペロッ」となった2次元の猫でも，十分に猫だと識別できる）。次元を落として情報量を失っても，その現象がうまく低い次元の空間上で表現されていることが，MDSの適合の度合いを示している。その適合の度合いは，専門用語で「ストレス」とよばれる。

MDSは対象間の距離行列から，それら対象を2次元の空間上に地図化する手法である。したがって，中国・四国地方の主要都市間の時間距離からなる距離行列にMDSを適用することによって，都市を2次元空間上に配置し，地図として表現することができる。米国ベル研究所でのMDSの最初の開発目的は，モールス信号の誤信の構造を明らかにしようとするものであった。トン・ツー（・-）で表される英数字の間違える頻度を計測し，その頻度を間違いやすさの度合いを示す混合率と定義することができる。この場合の混合率は，当該の英数字間の類似

---

* 3 社会科学のための統計パッケージ（Statistical Package for the Social Science）の略。社会科学分野における統計解析のために開発された統計パッケージで，多変量解析，実験計画法，時系列データ解析など，ほぼすべての統計解析が行なえる汎用ソフト。

性を示すことから、この混合率を要素とする行列は類似性行列とよばれる。距離も前述のようにある種の類似の度合いを示すことから、距離行列も類似性行列の1つと考えることができる。距離は値が大きくなればなるほど類似性が少なくなるために、距離行列を、非類似性行列とよぶこともある。モールス信号の類似性では、B（−・・・）→ X（−・・−）の混合率は84％と高く、それだけ両者の類似性は高いと考え、逆に、E（・）→ 0（−−−−−）の混合率は3％と低く、両者の類似性は低いと考えるのである。

　MDSには、対象間の類似性の順序だけを問題とするノンメトリックMDSと、対象間の距離を反映させるメトリックMDSに大別される。両者の数学的解法は異なるが、いずれも対象間の類似性に基づいて、多次元空間上に置かれた対象をより低い次元の空間上に布置する手法である。

　モールス信号の類似性空間は多次元の空間であり、それぞれの英数字がどのように誤認されているかは簡単には理解できない。そこでMDSを用いて、人間が視覚的に理解できる2次元空間にそれらの関係を置き換えたものが図1−3の「モールス信号の地図」である。MDSの計算アルゴリズムのロジックは、対象である英数字間の距離が近いものどうしは誤認しやすく、類似性が高いものどうしは近くに配置する。そして、あまり間違いにくいものどうし、すなわち類似性が低いものどうしは、遠くに配置するというものである。その結果、モールス信号の地図の中心部には、どの英数字とも類似するものが集まり、周

辺にはどの英数字にもあまり似ていないものどうしが対極に配置される。そして，できあがった地図からモールス信号の空間構造が現れる。

南西隅のE（・）の対極は，北東隅の0（-----）であり，西端の5（・・・・）の対極は，東端のO（---）である。モー

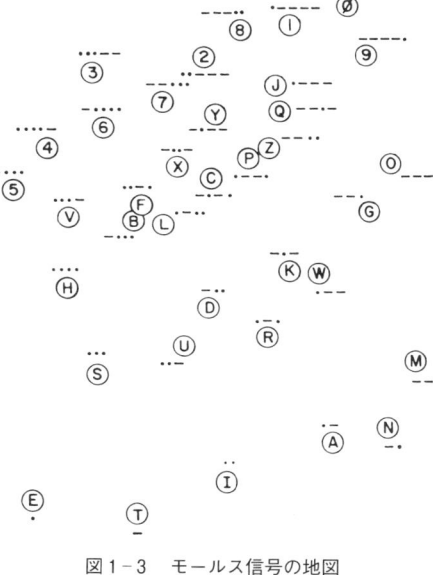

図1-3 モールス信号の地図
（ウィッシュ・クラスカル（1980）より転載）

ルス信号の空間構造は，東西に関して，西側が（・）の領域で東側が（-）の領域を，そして，南北に関して，北が（・-）の数が多く，南が少ない。このようにモールス信号の誤認は，（・-）の並びや数によって起こるという潜在的な構造が地図を通して理解されるのである。

このMDSを用いることによって，これまで想像もつかなかったさまざまな地図を作成することができる。その事例として，文学作品やアニメの地図を描いてみよう。図1-4は，シェイクスピアの「ロミオとジュリエット」の地図である。この地図は登場人物間の距離を，会話の頻度で定義し，計量的に測定したものである。会話の頻度が多いものどうしを近くに，会話

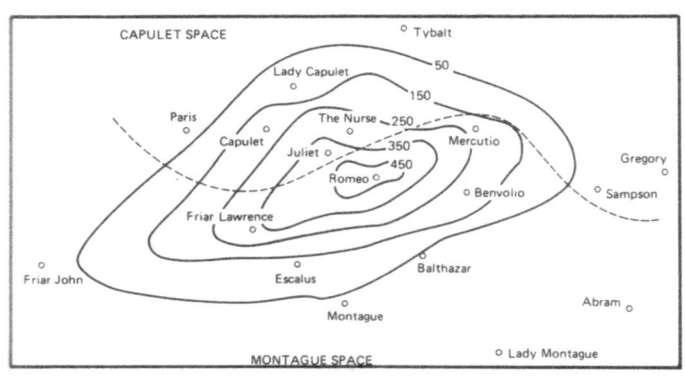

図1-4 「ロミオとジュリエット」の地図
（グールド（1994）より転載）

の頻度が少ないものどうしを遠くに配置するのである。そうすると主人公でありしゃべりつづけなければならないロミオとジュリエットは地図の中心に位置し，地図の上を北とすると，北側はモンタギュ家の空間であり，南側にはキャプレット家の空間がつくられる。そして，2人のとりもち役のナースがロミオとジュリエットの近くにいる。さらに，この地図のある領域にいる登場人物は，悲劇の死を遂げてしまう。

同様に，人気アニメ漫画「ちびまる子ちゃん」の地図を描いてみよう（図1-5）。単行本から登場人物の会話の頻度を数え上げ，魔法の手法MDSを適用する。主人公のちびまる子ことさくらももこはこの空間の中心にいて，その傍らにはお母さんが位置する。西側はさくら家の空間であり，東側は学校の空間である。「ちびまる子ちゃん」のストーリーを知らなくとも，まるちゃんを中心に，さくら家や学校での出来事から，ストー

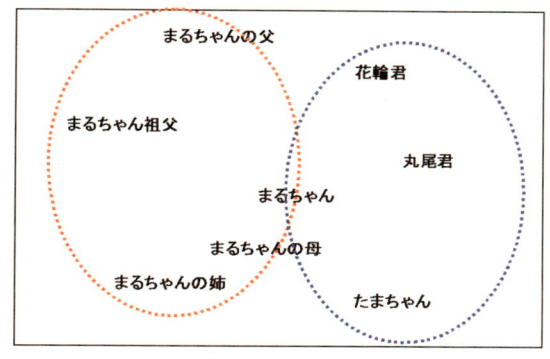

図1-5 「ちびまる子ちゃん」の地図

リーが展開していることがわかる。

　このような文学作品やアニメの地図には，作者の作品を作り上げていく中での思いが盛り込まれている。人々はこれを作者の作風とよぶのかもしれない。サスペンスドラマの地図を同様にいくつか作成すると，主人公と警部が中心に位置し，犯人は常に地図上の北西部分に位置している，といった構造を常に読み取ることもできるかもしれない。また，教室や職場での人間関係も同様に地図化することができる。その配置を想像することができるだろうか？

　MDS が対象間の距離（関係）から地図を作成してくれるということを理解していただけただろうか。「地図を読む」，すなわち対象の空間的配置から構造を理解することの意味は，それら対象の空間的な配置のロジックを読み解くということに他ならない。

2　デジタル地図で社会を理解する

　地図は複雑な現実世界を視覚可能な2次元空間に投影したモデルである。前章では，空間の概念を広げることによって，これまでは想像もつかなかった新しい地図を紹介した。本章では，主題図としてこれまでも描かれてきた地図が，コンピュータによる地図化すなわちGISを通して，どのように効果的に作図できるようになったのかを示す。そして，GISを用いなくては，描くことも，みることもできなかった地図の事例をみていくことにしよう。

1　主題図の作成方法

　2000（平成12）年国勢調査によると，日本の人口約1億2700万人のうち17.3％が65歳以上の高齢者で占められている。世界保健機構（WHO）の基準に従うと，国全体の高齢者人口比率が7％を超えると，その国は高齢化社会（aging society）に，14％を越えると高齢社会（aged society）にあるといわれる。2000年時点での世界各国の高齢人口比率を比較すると，先進

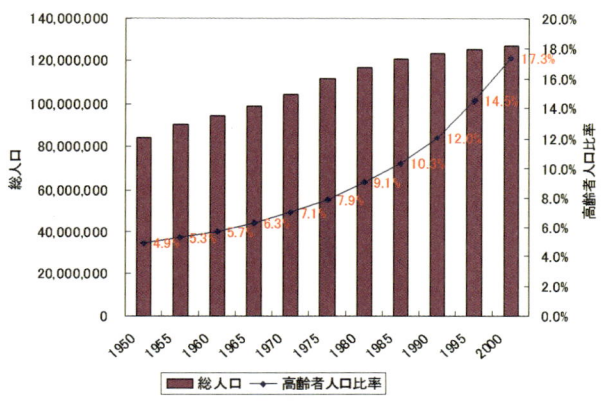

図2-1 戦後の高齢者人口比率と総人口の推移

国の中での日本の比率は,豊かな福祉社会として知られるスウェーデンの17.4％に次ぐものであり,英国は15.8％,米国は12.3％である。また,国立社会保障・人口問題研究所『人口統計資料集2003』によれば,日本の高齢者人口比率は,戦後生まれのいわゆる団塊の世代が高齢者人口に参入する2010年では,スウェーデンをおさえて22.5％となり,主要先進国のトップとなることが予想されている。

戦後の高齢者人口比率の推移をみると(図2-1),日本は,高度経済成長期を経て,1970年に高齢化社会へ入り,その後,急速に高齢化比率を上昇させ,1995年に高齢社会に突入したといえる。そして,2025年には25％,すなわち4人に1人が高齢者となると予想されている。

日本全体の高齢者人口比率や高齢者数の時間的推移を知ることは,高齢社会の年金や福祉問題を考える上で重要である。し

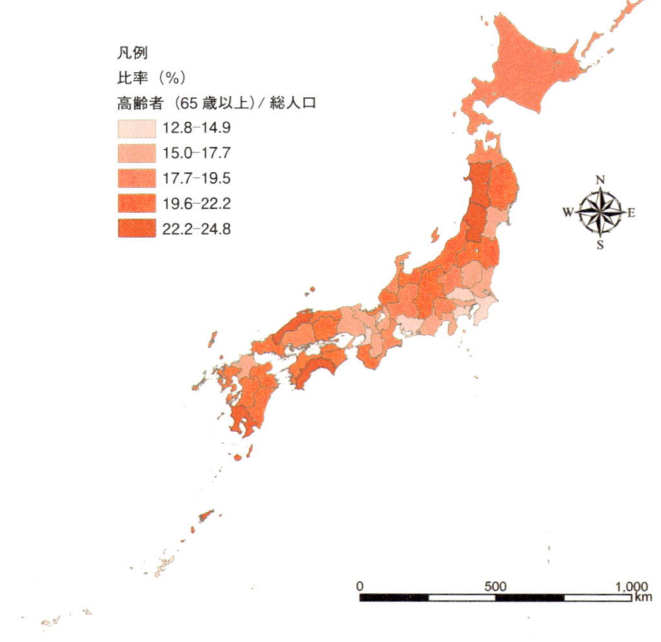

図 2-2 都道府県別高齢者人口比率の階級区分図（2000年）

かし，それらのマクロな指標は空間的ではなく非空間的である。英語で「非空間的」は，反意語の接頭語である"a"をつけて，"a-spatial"という。時間にスケールがあるように空間にもスケールがある。

　空間的とは，現象に地域差があるということである。2000年現在の高齢者人口比率の地域差を示した地図が図2-2である。この地図は都道府県を空間単位とした階級区分図（コロプレス・マップ）とよばれる。日本全体では 17.3 %である高齢者

人口比率も，都道府県単位では，島根県の24.8％を最大に，埼玉県の12.8％まで約2倍の格差がある。高齢者人口比率は三大都市圏に含まれる都府県で低く，東北，山陰，四国などで高いといった地域差がみられる。

　ここで高齢社会を地図化することの意味をもう少し考えてみよう。高齢社会の地図を描くと一言でいっても，高齢社会のどのような側面に着目するかによって作られる地図は異なるであろう。まず，高齢社会を指し示す指標が何かを考えなければならない。高齢者人口比率なのか，高齢者人口の数そのものなのか，そして，そうした指標をどのような空間単位でとらえるのか，などなど，最終的に地図が描かれるまでに，それが紙地図であろうがデジタル地図であろうが，地図作成のための多くの意思決定の過程を踏まなくてはならない。

　高齢者人口比率の都道府県別階級区分図を描くには，まず，47都道府県の総人口と高齢者である65歳以上人口のデータを作成する必要がある。このデータ行列は，行方向に都道府県，列方向に人口，高齢者人口の地域属性を配したもので地理行列とよばれる。この場合の地理行列は，一昔前であれば，分厚い報告書の『国勢調査報告』から，当該のデータを探し当て，紙の集計用紙に，手で書き写して作成したものである。しかし，現在では，総務省統計局のホームページ（http://www.stat.go.jp/data/kokusei/index.htm）から，当該の国勢調査のExcelファイルをダウンロードすれば，ことが足りてしまう。

　高齢者人口比率は（65歳以上人口÷総人口）×100％で定義

されるが，Excel 操作では，ワークシート上の地理行列の列に，都道府県別総人口と高齢者人口の割り算式を新しく設けた高齢者人口比率の列を追加すれば，電卓を使わなくても計算してくれる。

　2000 年国勢調査の都道府県別の高齢者人口と高齢者人口比率の基本統計量は，次のようにまとめられる。高齢者人口は総数が 22,005 千人で，平均は 46.8 千人，バラツキの度合いを示す標準偏差は 36.3 千，最大値は東京の 1,910 千人，最小値は鳥取県の 135 千人である。そして高齢者人口比率は，全国のものは前述のように 17.3 ％で，最大値は島根県の 24.8 ％，最小値は埼玉県の 12.8 ％で，47 都道府県の平均は 19.2 ％，標準偏差は 2.9 である。

　先に示した図 2-2 では，都道府県別の高齢者人口比率を地図化したが，高齢者人口の絶対数そのものが意味をもつ場合もある。高齢者人口比率が最も高い島根県の値は 24.8 ％でほぼ 4 人に 1 人が高齢者である。しかし，島根県の高齢者人口は 189 千人で，比率が最も低かった埼玉県の高齢者人口の約 5 分の 1 に過ぎない。「高齢者が多い」ということは，高齢者人口そのものが多いことのほかに，高齢者人口比率のように人口に比して多いこと，あるいは，単位面積当たりの高齢者人口密度が高いこと，など，いくつかの異なった指標を考えることができる。これら 3 つの指標をもとに階級区分図を作成し，見比べると，それらの違いがよくわかる（図 2-3, 4）。これらの階級区分図は，47 都道府県を任意の階級（ここでは 5 階級）に分け，階級

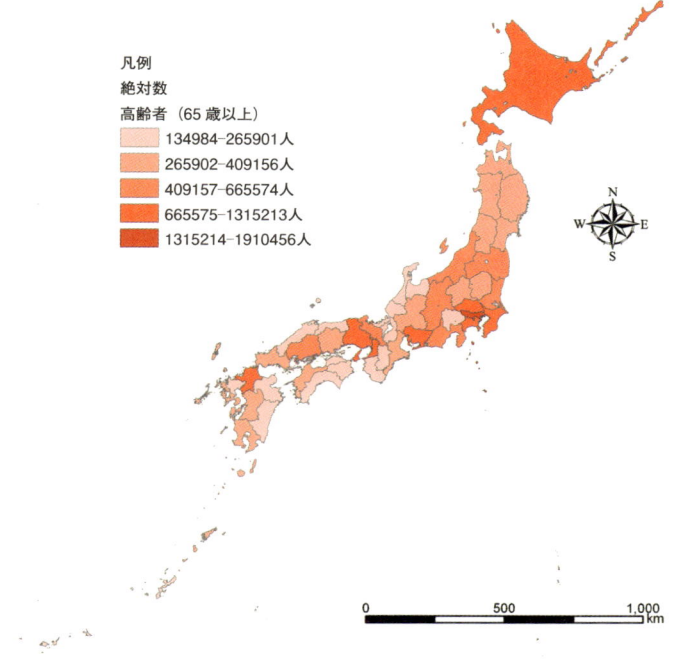

図2-3 都道府県別高齢者人口の階級区分図（2000年）

ごとに色やパターンで塗り分けた地図である。なおここでは，高齢者人口の大きい順に，5つの階級にはいる都道府県数が同数になるように分類を行なった（総数が47なので，1階級に9か10の都道府県が入る）。

高齢者人口の階級区分図は面積の大きい都道府県が誇張されていることがわかる（図2-3）。そして，高齢人口比率の地図では前述のように，単位人口当たりの高齢者が多い都道府県を

2 デジタル地図で社会を理解する —— *19*

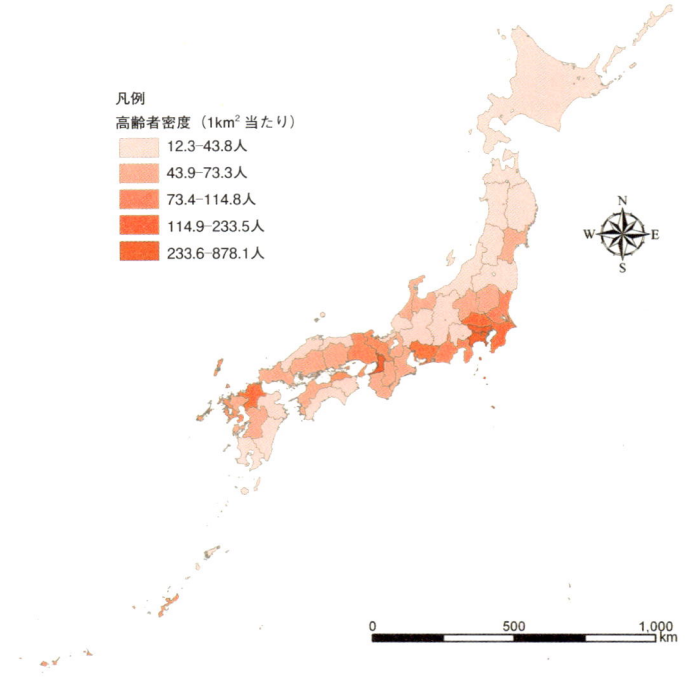

図2-4 都道府県別高齢者人口密度の階級区分図(2000年)

示すものであり，必ずしも高齢者人口が多いわけではない。さらに単位面積当たりの地図は高齢者人口密度を示すものであり（図2-4），高齢者が密集していることを示す（面積の定義が総面積か可住面積かによっても異なる。ここでは総面積を用いている）。

2004年11月に行われた米国大統領選挙の得票結果の地図を覚えている人は多いであろう。米国大統領選挙はご存知のよう

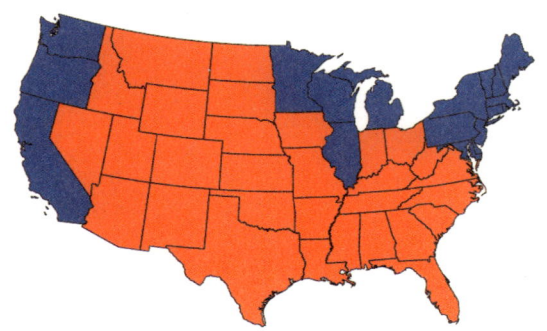

図2-5　米国大統領選挙（2004年）の州別選挙結果
赤がブッシュ，青がケリー
（出典：http://www-personal.umich.edu/~mejn/election/）

に，州単位で選挙人による得票数の多い政党が，当該の州の得票を総取りする仕組みである。開票日に流れた得票数の地図では，選挙人が少なく面積の大きい州が誇張され，その結果，米国の大半の地域がブッシュ支持を示すように描かれた（図2-5）。しかし実際は，面積が小さく選挙人の多いニューヨーク州などでケリーが得票しており，最終結果は，オハイオ州の開票前まで予断を許さなかった。

このように地図には，その作成プロセスを十分に理解していないと，解釈を誤ってしまう可能性があるものもある。この事例のような絶対数の地図化に際しては，階級区分図ではなく，図2-6のような，任意のシンボル（ここでは円）の大きさを当該変数の値に比例させて可変させて表示させる可変シンボルマップの方が適切であるといわれている。

さらに，高齢者人口比率の階級区分図を描く場合，比率の数値は客観的なものであっても，それに基づいて作成される地図

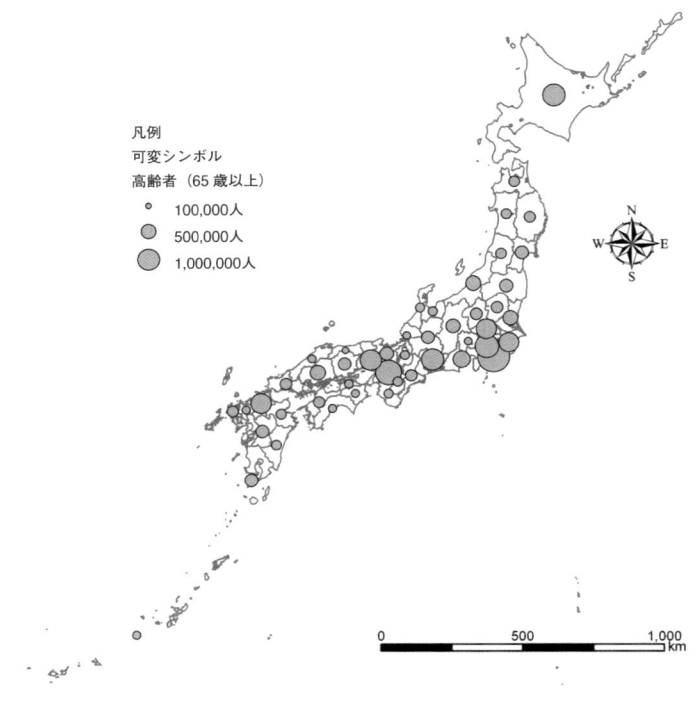

図2-6　都道府県別高齢者人口の可変シンボルマップ（2000年）

はきわめて主観的なものとなる。なぜならば，階級区分数，階級区分方法，各階級に割り当てる色やパターン，などの選択に，地図作成者による段階的な意思決定が存在するため，これら1つ1つの意思決定が異なれば，最終的に描き出される地図はまったく異なったものとなってしまうからである。

　階級区分数は，理論的には，1から空間単位数（都道府県地図の場合47）まで設定可能であるが，その決定は任意である。一般的には人間が理解しやすい4～6区分ぐらいが用いられる。

また，階級区分方法に関してもいくつかの選択肢がある。最大値と最小値の間を等間隔に区切る等間隔区分，各階級に含まれる地区数を等しくする等量区分，平均・標準偏差をもとに区切る標準偏差区分などがよく用いられる。代表的な GIS ソフトの1つである米国 ESRI 社の ArcGIS では，対象とするデータの頻度分布の変化量が大きなところで区切りを設ける自然分類法が標準の階級区分方法として用いられている。そして，各階級に割り当てる色やパターンにいたっては無限に近い選択肢が存在することになる。このように同じ高齢者人口比率であっても，まったく違った印象を与える地図を描くことができる。

高齢社会を地図化するプロセスをご理解いただけただろうか。現在，この煩雑な地図作成プロセスは，紙とペンの手作業から，コンピュータ上の GIS 操作に代替されるようになった。多くの GIS ソフトでは，この一連の作業をコマンド化し，ボタン1つで作成したい地図を瞬時にディスプレイ上に表示してくれる。

先に事例として取り上げた都道府県を空間単位とした階級区分図は，都道府県の数が47と比較的少ないので，手作業で描くことも不可能ではない。現に，私の所属する立命館大学文学部地理学専攻1回生の必修科目の地理学実習では，このような階級区分図の手作業による作成を，教育的立場から課題の1つとして与えている。

2　GISによる主題図

　GISによる主題図作成の優れた点は，階級区分図やシンボルマップなどの地図表現を比較したり，階級区分図の作成で説明したような，階級区分数，階級区分方法，各階級に割り当てる色やパターンを変更したりして，最終的に作成者が表現したいとする地図を試行錯誤的に描くことができる点にあるといえる。

　そして，GISによる主題図作成のもう1つの特長は，データ量が膨大すぎて，もはや手作業では描くことのできない地図を作成できる点にある。このことは，GISが出現するまではみることができなかった地図をみることができるようになったことを意味する。

　2000年10月1日現在，全国に3,368ある市区町村の高齢者人口比率の階級区分図を描くとすると，行数が3千を越す地理行列の作成，高齢者人口比率の平均，標準偏差，最大値，最小値といった基本統計量の算出，そしてさらに，色塗りを含めた階級区分図の作成と，コンピュータとGISの力なくしては，もはやその地図を描くこともみることもできない。

　現在，国勢調査などの官庁統計は，市区町村よりもさらに細かい空間単位である，町丁・字等での集計結果が表章（表示）されるようになった（図2-7）。以下では，2000年国勢調査による高齢者人口比率を事例として，これらの異なる空間単位で高齢者人口比率の地図をみていくことにしよう。

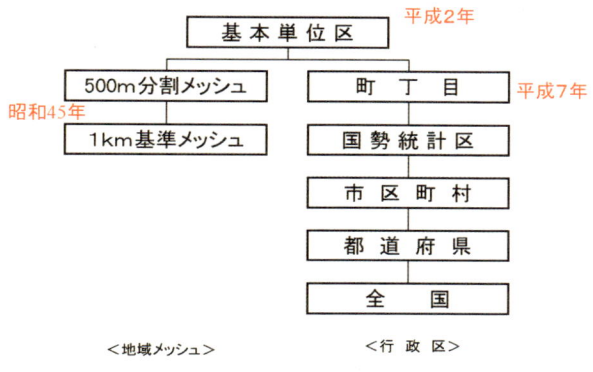

図2-7　国勢調査における集計空間単位

●市区町村

　市区町村を空間単位とすると，高齢者人口比率の空間的変動は大きくなり，最大値は山口県東和町の50.6％，最小値は千葉県浦安市の7.6％と6倍以上の地域差がみられる。そして，都道府県を空間単位とする高齢者人口比率の地図ではみることのできなかった空間スケールでの特徴を看取できる（図2-8）。大都市圏や太平洋ベルト地帯に含まれる市区町村，県庁所在都市などで，高齢者人口比率が相対的に低いことがわかる。

　市区町村に関しては，国勢調査以外にもさまざまな社会・経済的な統計があり，それらを用いた比較や分析が可能となる。しかし，最近では，「平成の大合併」といわれるように，総務省は市町村の合併を推奨し，2005年度までに市町村数を2000未満に統合することを計画している。都道府県を越えた市町村合併も行なわれ，統計情報の経年的な変化の比較が難しくなるのではないかという危惧も生まれている。

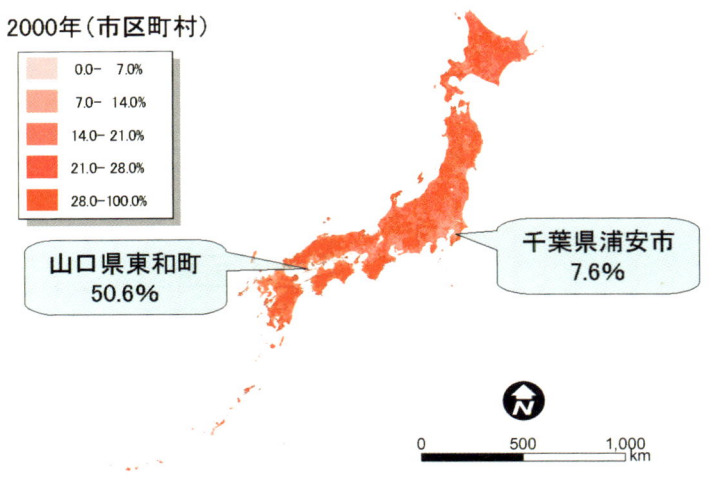

図2-8　市区町村別高齢者人口比率（2000年）

● 地域メッシュ

　さらに細かな空間単位ではどうだろうか。1974年に国土庁が発足して以来，国土情報整備事業の中で，全国を対象としたさまざまなデータが構築されるようになった。その一環として，国勢調査のデータも地域メッシュ統計として，経緯度に基づく標準地域メッシュ体系に基づいた3次メッシュ（約1km四方），4次メッシュ（約500m四方）で人口が表章されるようになった。

　日本の国土は，約37.8万km²なので，日本を覆う3次メッシュは約38万あることになる。日本のメッシュ・データは国土数値情報として整備され，国勢調査以外にも事業所（・企業）統計調査，工業統計調査，商業統計調査などの社会・経済的な特性に加え，地形，土地利用，気候値などの自然・環境的特性を

重ね合わすことができる。地域メッシュは，面積がほぼ一定で，空間単位が経年的に変化しないといった特長がある。そして3次メッシュは，面積がほぼ1 km²なので，単位面積当たりの密度とみなすこともできる。しかし，全国メッシュ・マップの場合，南北に長い日本列島では，北へ行くほどメッシュの東西幅が狭くなり，面積が小さくなる。最南端の沖ノ鳥島の3次メッシュ（1.203 km²）と最北端の宗谷岬の3次メッシュ（0.910 km²）では，約1.3倍の面積の違いが生じる。

また，2002年4月に測量法が一部改正され，経緯度の基準が「日本測地系」から「世界測地系」に移行した。この背景には，GPS（全地球測位システム）とGISによる位置情報の測定・利用技術が出現し，それらに対応する基準として，世界測地系に基づいた，高精度な測地基準点成果及び地図成果が求められていることによる。その結果，東京付近で450 mほど北西方向にズレることになった。それゆえ，最近の地形図は世界測地系に基づいて描かれ，旧の日本測地系の経緯度のティック（印）が記されている。今後，地域メッシュ統計が，世界測地系に依拠することになるとこれまでのものとずれが生じてしまい，経年比較が困難となる可能性もある。

話を高齢者人口比率に戻すと，全国の市区町村マップと3次メッシュ・マップではみた目が大きく異なる。市区町村の空間単位は行政区であり，その空間単位内に人口が均一に分布していると仮定される。それに対して，3次メッシュでは人の居住しない地域メッシュは表示していないために，多くの空白がみ

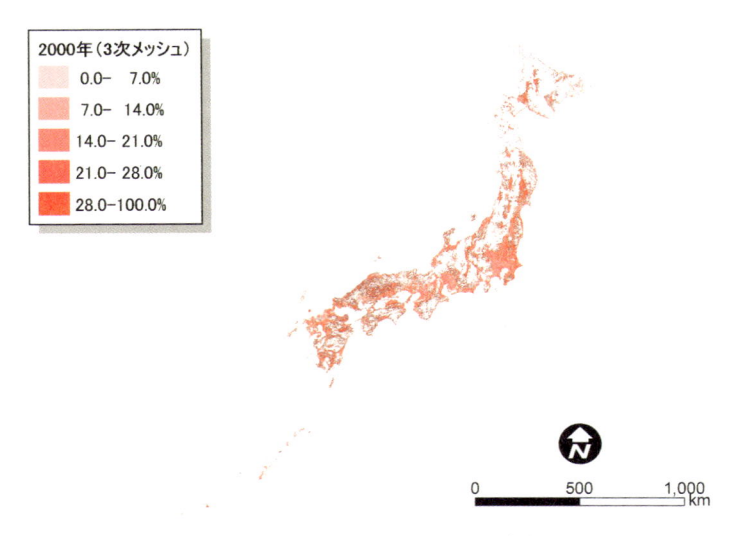

図2-9　高齢者人口比率メッシュ・マップ（2000年）

られる（図2-9）。2000年国勢調査の地域メッシュ統計の有人3次メッシュ数は約15.7万である。日本の国土の半分以上には人が住んでいないのである。高齢者人口比率と標高値のメッシュ・マップを重ね合わすと，中部地方の山岳地帯の谷間や，中国山地の山中に高齢者人口比率の高いメッシュが集中していることがわかる（図2-10）。これは比率の地図であるために，山間部では高齢人口比率が高いが，高齢者人口の絶対数そのものは少ないことは言うまでもない。しかし，そうした地域は少数の高齢者が分散して居住しており，福祉政策に大きな問題を抱える可能性を示唆する。

　さらに，高齢者人口比率の経年変化をアニメーションにしてみてみよう。紙面の制約から三大都市圏を含む範囲の6時点を

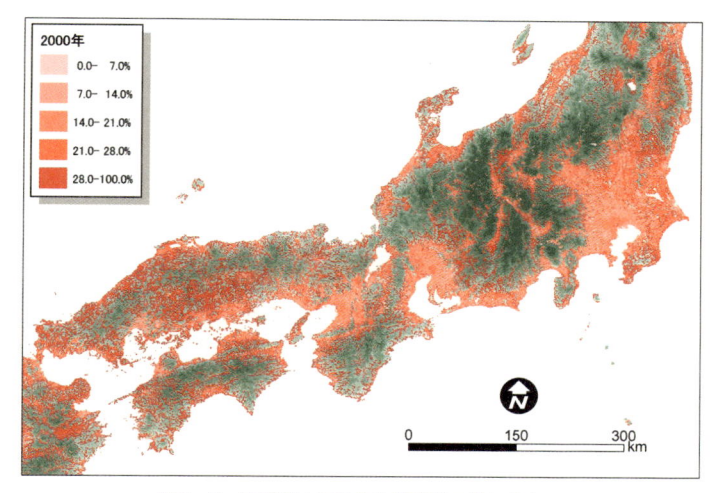

2000年
- 0.0- 7.0%
- 7.0- 14.0%
- 14.0- 21.0%
- 21.0- 28.0%
- 28.0-100.0%

図2-10　高齢者人口比率と標高値の重ね合わせ

みるが，高齢化人口比率が全体的に上昇する中で，大都市圏の外延部以外にも，都心部において高齢者人口比率が上昇していることがわかる（図2-11）。

● 町丁・字等

　国勢調査は，個人と世帯に対する悉皆調査である。この個票データが集計され，データが表章される最小の空間単位は，昭和60年までは調査区であった。この調査区は，1人の国勢調査員が受けもつ，約50世帯のまとまりである。しかし，調査区は，調査員の便宜を図るもので，必ずしも恒久的なものではない。そこで，1990年から，原則として街区に一致する基本単位区が設定された。この基本単位区は，平均25世帯から構成されており，1990年では，男女別・年齢階級別などの235変数が表章

1975年

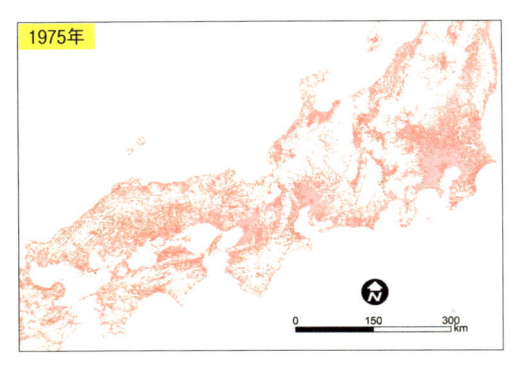

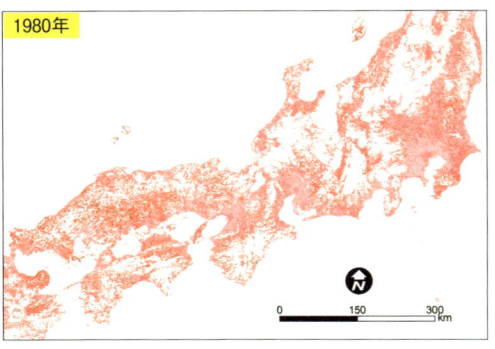

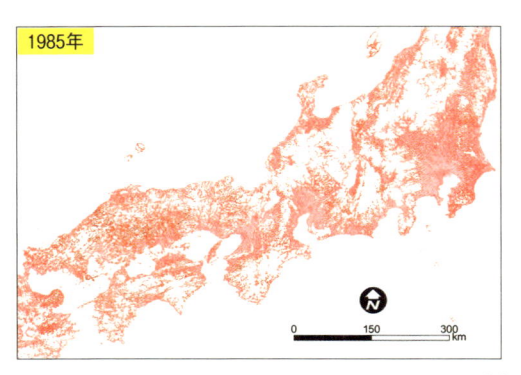

1980年

1985年

図 2-11 三大都市圏の高齢者

30

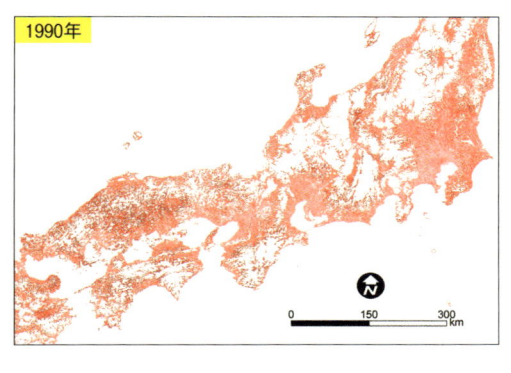

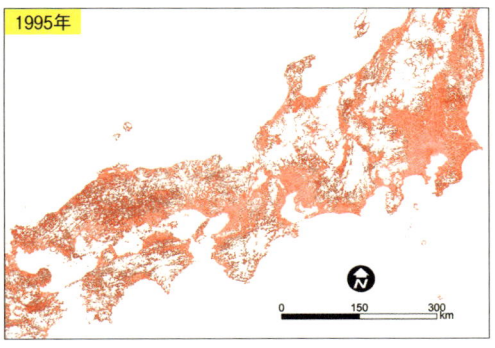

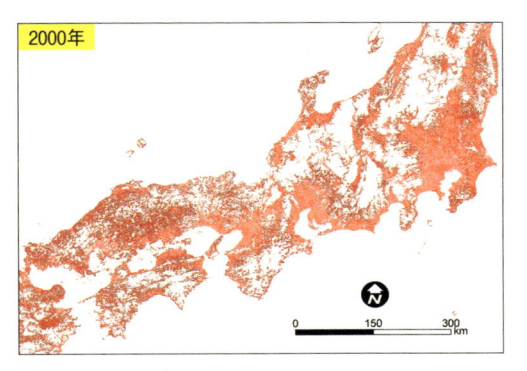

人口比率（凡例は図2-9を参照）

2 デジタル地図で社会を理解する ── 31

されている。しかしながら，基本単位区に対応した地図はデジタル地図としては提供されておらず，紙地図としてあるのみで，それも公文書としての10年保存の期間を過ぎており，その正確な位置を特定することは困難を極める。さらに，基本単位区に含まれる人口や世帯数が少なすぎて，多くが秘匿データとなってしまうという問題点もある。

　これに対して，本格的なGIS時代を迎えての表章地域として，1995年国勢調査から小地域統計として，基本単位区を集計した町丁・字等別集計が提供されるようになった。そして，このとき，あわせて町丁・字等の境界線のデジタル地図も提供された。全国約20万弱ある町丁・字等に対して，男女別，年齢階級別での，婚姻状態，産業，職種や世帯属性など合わせてなんと3,064もの変数が表章された。同時に，全国で約174万ある基本単位区に対しては，表章される変数は男女別・年齢3区分と世帯数と少なくなるが，その中心点の経緯度も提供されるようになった。なお，基本単位区は，前述の地域メッシュ統計を作成する際に用いられている。

　そしてさらに，10年に1度の本調査であった2000年国勢調査の小地域統計では，学歴や人口移動などに関する変数も加わり，5,625もの変数が表章されている。皆さんは，20万行×5千変数の巨大な地理行列を想像することができるだろうか。

　現在では総務省がWebでデジタル地図を提供する「統計GISプラザ」(http://gisplaza.stat.go.jp/GISPlaza/) を通して，一部の変数に関して町丁・字等の地図を閲覧することができる。ここ

では，京都市域の町丁・字等を空間単位とした高齢者人口比率の地図（図2-12）と，基本単位の中心座標値の点データの高齢者人口比率の地図を示しておく（図2-13）。京都市内には，2000年国勢調査小地域統計では，4千8百弱の町丁・字等がある。町丁・字等は形状がまったく異なるし，都心部では非常に細かいが，山間部では非常に大きくなり，面積のバラツキも非常に大きいことがわかる。

● 空間単位の比較

3次メッシュ（1 km 基準メッシュ），4次メッシュ（500 m 分割メッシュ），町丁・字等，そして，基本単位区の空間単位の違いを理解するために，京都の北西に位置する立命館大学を含む3次メッシュを取り上げる。3次メッシュは，東西・南北を2分割すると4次メッシュとなり，図2-14では，町丁・字等の境界，そして，基本単位区の中心点が点で示されている。

● 面積カルトグラム

最後に，高齢者人口と高齢者人口比率の地図の長所・短所を克服する方法の1つとして面積カルトグラムを紹介しよう。図2-15 (b)(c) は，京都の11区の高齢者人口比率を示した2つの面積カルトグラムである。面積カルトグラムは，各区の面積を人口に比例させて描いたものである。人口の多い区は大きく誇張され，逆に人口の少ない区は小さく表現されている。

面積カルトグラムには大きく2つの手法がある。1つは連続

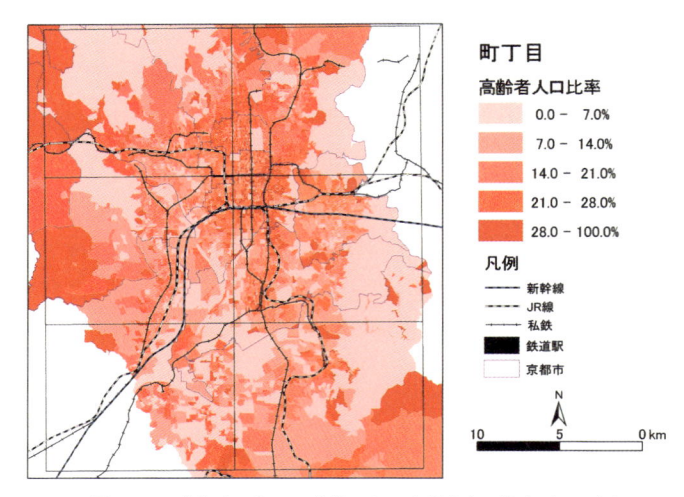

図2-12 京都市の町丁・字等による高齢者人口比率（2000年）

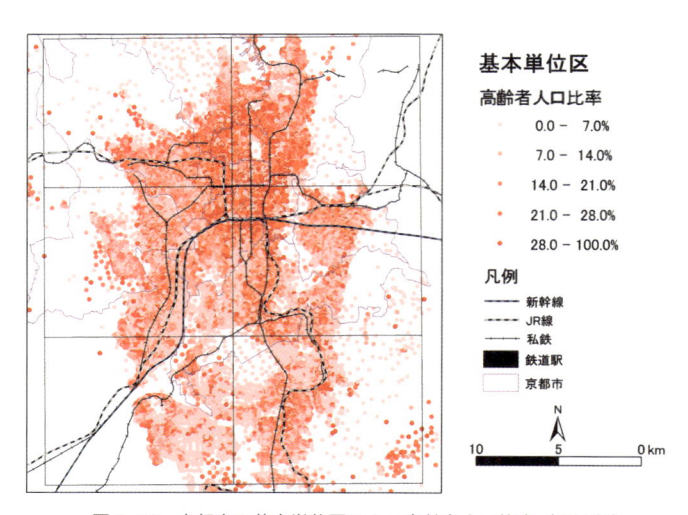

図2-13 京都市の基本単位区による高齢者人口比率（2000年）

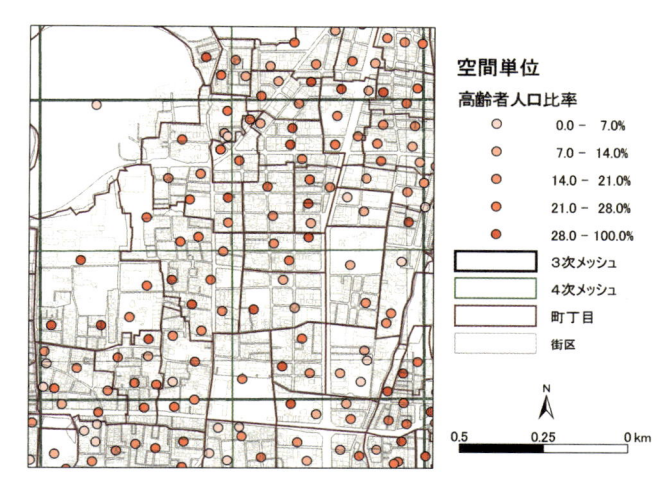

図2-14 4つの空間単位の比較（2000年）

カルトグラムとよばれるもので，実際の京都市11区の形状と位置関係を保持しながら作成するものである。もう1つは非連続カルトグラムで，隣接関係を考慮しながらも，特定のシンボルを用いて表現するもので，円形を用いたものは円形カルトグラムとよばれる。後者の場合は，円の面積が人口規模に対応している。いずれの面積カルトグラムも人口規模が大きい区が誇張されることになる。

同じく京都市の元学区をベースとして高齢者人口比率の面積カルトグラムを作成した。京都の元学区は京都の国勢統計区に対応するもので，街中の元学区は，明治時代に日本で最初に建てられた町衆の小学校区に対応している。それゆえ京都では元学区が1つのコミュニティを形成しているといえる。通常の元学区単位での高齢者人口比率の階級区分図（図2-16 (a)）では，

(a) 京都市11区の高齢者人口（通常）

(b) 連続カルトグラム

	人口(1995年)	面積(km²)
京都市全体	1,461,103	610.21
北区	127,348	94.92
上京区	87,861	7.11
左京区	173,282	246.88
中京区	94,676	7.38
東山区	51,171	7.46
下京区	73,457	6.82
南区	98,962	15.78
右京区	195,323	74.27
伏見区	280,276	61.61
山科区	136,070	28.78
西京区	142,677	59.20

(c) 非連続（円形）カルトグラム

図2-15　高齢者人口の面積カルトグラム

　高齢者人口比率の高い山間部で，元学区の面積が大きく誇張され，当該地域での高齢社会のシビアさを描き出す。そのことは事実であるが，面積カルトグラム（図2-16（b））を通してみると，当該の人口規模の小さい元学区はほとんどみえなくなり，街中の人口規模が大きくかつ高齢者人口比率の高い元学区が明瞭に表現されることになる。

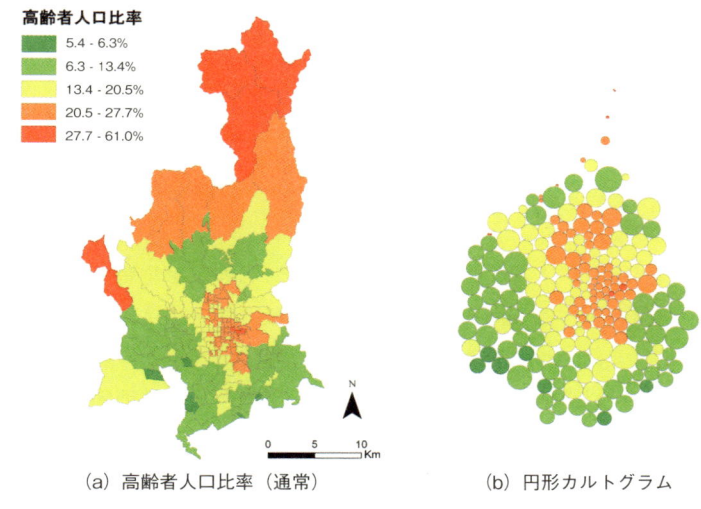

高齢者人口比率
- 5.4 - 6.3%
- 6.3 - 13.4%
- 13.4 - 20.5%
- 20.5 - 27.7%
- 27.7 - 61.0%

(a) 高齢者人口比率（通常）　　(b) 円形カルトグラム

図2-16　高齢者人口比率の円形カルトグラム

3　デジタル社会地図

　地図は現実世界のモデルである。社会を地図化する事例として，これまで高齢社会をみてきたが，そうした最初の試みは，都市内部における居住者特性を地図化することにはじまる。

　それは，19世紀後半から20世紀初頭にかけて，爆発的に急成長した米国シカゴでの深刻化する社会病理を研究対象としたシカゴ大学社会学による社会調査を嚆矢とするといわれる。1914年にシカゴ大学社会学科に赴任した，ロバート・E・パークとアーネスト・W・バージェスは，居住地域の住み分けのメカニズムとして人間生態学を展開する中で（秋元 1989），社会地図の基礎となる社会調査基礎地図が重要な役割を果たすことになる。

「社会調査基礎地図のもつ価値はすぐに明らかになった。貧困，家族解体，少年非行などのケースを地図にプロットしてゆく過程で，それまで理解できなかったことが，ようやく納得できたのであった。」(倉沢 1986, pp. 10-11)

パークらによる，当時のシカゴの社会病理現象や居住者特性の地図から，都市内部における自然地域（住み分けによって現れたコミュニティをさすが，物理的な特性と同様に，居住者の社会的，経済的，文化的特徴によって区別される地理的単位）の特定に関する研究は，その後，人間生態学として展開する。そして，都市は，CBD，遷移地区，住宅地区といった連続する同心円構造で発展をとげるとする，バージェスの同心円地帯仮説などは，社会地図から生まれたといわれる（倉沢 1986）。

人間生態学の研究は，米国国勢調査のセンサス・トラクト（約 4000 人の人口の空間単位で，1910 年に，ニューヨークなどで 8 つの大都市で導入され，1960 年までに 180 都市圏で行なわれるようになった）の統計が整備されるに従って，社会・経済的な指標による居住地区分類を行なう社会地区分析へと発展した（Batey and Brown 1995）。

そして，1960 年代には，主成分・因子分析などの多変量解析の普及によって，複数の居住者特性データから居住地域構造を規定する次元（地位）の抽出と，その空間的パターンを明らかにする因子生態研究が方法論的にも確立されるようになった（森川 1975）。具体的には，欧米の大都市を対象とした因子生態研究の結果，社会・経済的次元，家族的次元，民族的次元とい

シカゴ学派の人間生態学

競争
セグリゲーション
優勢
侵入・遷移

因子生態学

・社会・経済的地位
・家族的地位
・民族的地位

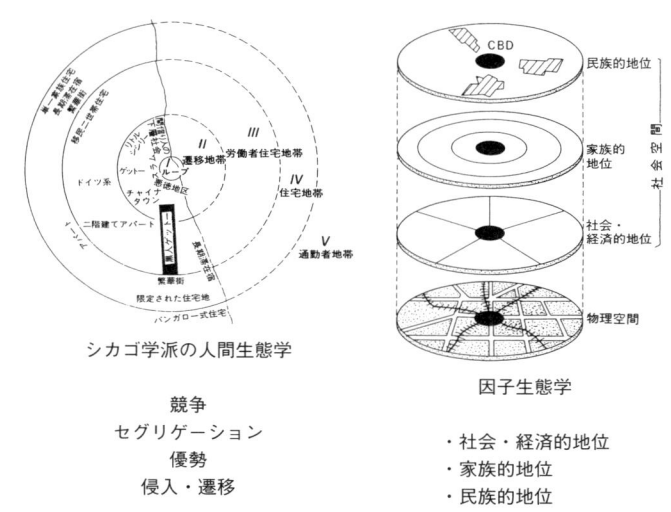

図2-17　因子生態研究の次元（ノックス（1993）を加筆）

う3つの次元の存在と，それぞれの次元が，セクタ型，同心円型，クラスタ型といった特徴的な空間的パターンを呈することが明らかにされてきた。さらに，これら代表的な因子を基準にした，地区分類も行なわれるようになった（図2-17）。

以上のように都市内部の居住地域構造に関する研究は，居住者の住み分けとその空間的パターンに関する研究と，都市内部の小地域の地区分類を行なう応用的研究の形で展開することになる。国勢調査の小地域統計（センサス・トラクトなど）によるデータ集計や，コンピュータの性能向上による，主成分・因子分析やクラスタ分析などの多変量解析の開発，センサス・マッピングなど地図描画技術の発展が，かかる研究を大きく後押しすることになる。特に，コンピュータによる地図描画は，

2 デジタル地図で社会を理解する ── 39

GIS の発展と不可分であり，米国におけるセンサス・マッピング TIGER の開発に影響を与えるとともに，多くの社会地図が作成されている。また，最近では，特定都市圏だけでなく，全国を対象とした，小地域単位での社会地図も作成されるようになった。そこでは，単に，階級区分図だけでなく，前述の面積カルトグラムなどの工夫を凝らした地図表現方法も用いられはじめた（Dorling 1995, 2004）。

翻って，日本の社会地図の状況は，国勢調査の変数を単に地図化するといったセンサス・マッピングよりは，特に，欧米の因子生態研究の影響を受けての居住地域構造の分析が盛んに行なわれてきた。1960 年頃から市区町村を空間単位とした分析がはじまり，都市内部の小地域での分析は，1970 年以降，地域メッシュ統計や国勢統計区での分析において行なわれるようになった。東京を対象としたものとしては，倉沢（1986）が，1970・1975 年の東京都区部を対象に 500 m メッシュを空間単位として，東京の社会地図を作成している。さらに同様に，1980・1985 年の東京都区部と，市区町村を空間単位とした東京大都市圏の社会地図を作成している（倉沢・浅川 2004）。

また，立命館大学地理学教室では，地域メッシュ統計を中心に日本全体と主要都市圏の社会地図を作成し，Web 上に公開している（http://www.ritsumei.ac.jp/acd/cg/lt/geo/rgis/rgis.html）（図 2–18 〜 20）。

シカゴ学派にはじまる社会地図は，およそ 1 世紀の時間を越えて，手で描かれた社会調査基礎地図から，デジタル社会地図

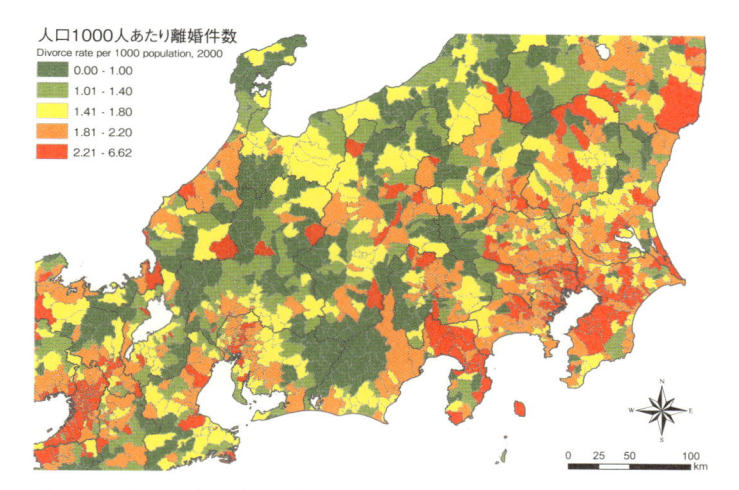

図2-18 デジタル社会地図の事例:離婚率(人口1000人あたりの件数)の全国市区町村マップ(2000年)

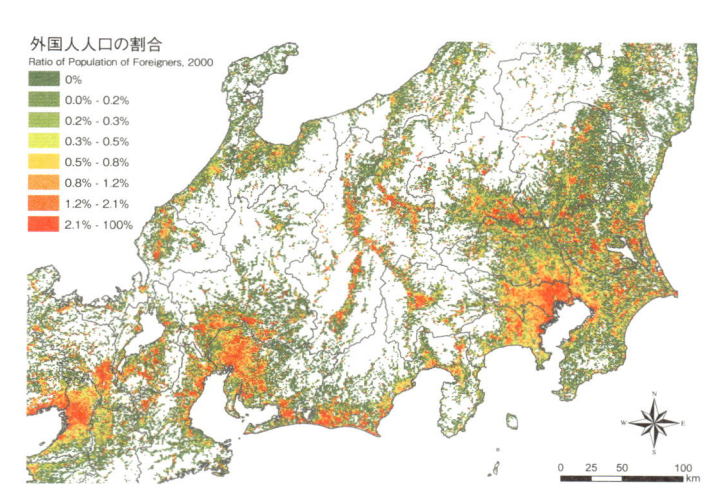

図2-19 デジタル社会地図の事例:外国人人口割合のメッシュ・マップ(2000年)

2 デジタル地図で社会を理解する ── *41*

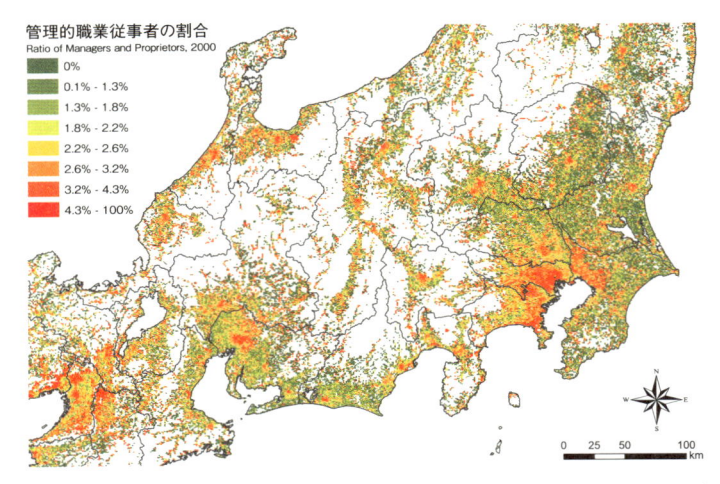

図2-20 デジタル社会地図の事例：管理的職業従事者割合のメッシュ・マップ（2000年）

へと進化した。2004年に放映されたNHKスペシャル『63億人の地図』では、デジタル地図をデータ・マップとよんで、その新しい読み方を提案している。この番組は、世界地図の階級区分図を用いて、平均寿命のデータが命の尊さを問いかける「いのちの地図」、所得データが貧富の格差・拡大を物語る「富の地図」、犯罪発生のデータ、都市の死角を浮き彫りにする「安全の地図」、出生率・高齢化率のデータが示す「家族の地図」など、特徴的な地域の現地ルポと合わせて構成された、現実社会を読み解く番組である。GISは、データ量が膨大すぎてこれまではみることのできなかった地図、あるいは簡単にそしてすばやく描くことができなかった地図を作り出したのである。

4 ジオデモグラフィクス

　社会地図は，シカゴ学派による都市の社会病理の解明から，居住地域構造の理論的な研究へと深化するが，研究内容そのものはきわめて応用的な側面を併せもつものであった（Harris, R. et al. 2005）。

　英国では，米国のセンサス・トラクトのような統計区は1950年代以降，試験的に設定されるようになる。そして，都市構造の比較研究のために，センサス統計区（census enumeration）に多変量解析を適用する研究がみられ，1960年代には，ロンドンの地区分類などが行なわれた。そして1960年代後半からは学問的な研究以外に，都市内部の地区分類は，社会問題が集積する都市内の地区を特定し，社会サービス資源の配分に関する基礎データとして活用された。リバプール市をはじめ，多くの地方自治体において，そのような地区分類が利用されたという（Batey and Brown 1995）。

　1970年代には，地区分類の都市間の比較を可能とする全国レベルでの地区類型の設定が行なわれるようになった。それは後に，居住者分類（A Classification of Residential Neighbourhoods: ACORN）とよばれるようになる。また，民間部門においては，地区類型間における消費行動の特徴が分析され，マーケティング分野で活用される。そして，1980年代後半にはじまるGIS革命とともに，このような地区分類・地区類型に関す

る研究は，ジオデモグラフィクス研究として大きく展開する（Batey and Brown 1995）。

　どこに住むかということは，人生の中でも，結婚や就職などと同様に重要な意思決定である。自分が住む場所を探す際に，その場所の社会・経済的状況がわかればきわめてありがたい。英国には「Upmystreet」(http://www.upmystreet.com/)とよばれる地域情報のポータルサイトがある。このサイトでは，地名や郵便番号を入力することによって，地図が表示され，当該地域のさまざまな情報が満載されている。不動産情報では，戸建てやフラットなどの全国的な平均価格とともに，それらの当該地域での平均価格が示される。そして，教育環境としては，近隣の小学校，中学校，高校の一覧が表示され，各学校の数学，英語，理科の成績が全英の平均とともに表示されている上に，成績の経年変化までもが公開されている。さらに，当該地域の犯罪状況や議員リストなども表示される。

　これらの地域情報に加え，Upmystreetでは，当該地域の居住者特性として，年齢構成とともに，代表的なジオデモグラフィクスの1つであるCIAIのACORNタイプが示される。例えば，ロンドンの西に位置し，日本人学校もあるアクトン（Acton）の中心部の郵便番号W3 6HTの地域を調べてみると，「Type 15: Affluent urban professionals, flats（フラット住まいの専門職で富裕な都市居住者）」と表示される。そして「このタイプの地区は主にロンドン郊外やケンブリッジ，オックスフォード，エジンバラにみられ，全人口の1.17％を占める。裕福な都市

地域に住む彼らの住宅は，多くは持ち家であるが借家の比率も相対的に高い。若い独身者か子供のいない夫婦で，高学歴で専門職やシニア・マネージャの職につき勤勉である。インターネット投資を好む。ライフスタイルは，海外にスキーに行き，演劇や芸術などにも興味をもち，食通でもある。ガーディアンやタイムズのような新聞を通勤時に読んだりしている」といった解説がつく。

2001年のACORNでは，11のACORNタイプが設定され，それはさらに39のACORNグループに細分化されている。また，米国でも同様に，Prizmとよばれるジオデモグラフィクスが構築されている。Prizmの場合，15の社会グループがあり，それらはさらに62のクラスタに細分化されている。

多くの人は，このジオデモグラフィクスがさまざまなビジネスに活用できることに気づくだろう。あるレンタルビデオ店は，会員カードと称して顧客リストを作成している。名前，住所，年齢，性別はもちろん，どのようなジャンルのビデオをどの程度の頻度で借りているのかといった情報も含まれている。さらにクレジット・カードを作成することになれば，職業や年収などの個人情報も提供されることになる。顧客リストの住所から顧客の多い町丁目や郵便番号区を特定し，当該地域のジオデモグラフィクスのタイプ，すなわち同様な居住者特性をもつ地区を抽出する。そうすれば，それらの地域には，現時点では顧客が少ないかもしれないが，将来的には顧客になりうる潜在的な需要が多く存在することがわかる。欧米では，すでにクライア

ントのニーズに対応した，ジオデモグラフィクスが商品化されている。日本では，小地域統計が整備されはじめたのが1990年以降ということもあり，本格的なジオデモグラフィクスはこれからであるといえる。

しかし，2005年秋に，英国でACORNと並んで代表的なジオデモグラフィクスであるMosaicUKを作成しているExperian社が，モザイク・ジャパンをリリースした（表2-1）。モザイク・ジャパンは，日本の20万近い町丁目を11のグループと50のタイプの地区類型に分けたものである。例えば，全世帯の約1割を占めるAグループ「大都市のエリート志向」（図2-22）は，さらに以下の4つのタイプに細分されている。

1. 流行・情報の先駆者——大都会の中心に住む，ファッション，メディア，消費活動など流行の先端にいる人々
2. 高学歴の会社人間——都会に住む教育水準の高い人で，家庭よりキャリアの追求に重きを置いている人々
3. 大都会暮らし——大都会の商業分野に従事している中流世帯
4. 新社会人——主要都市に勤務する，学校を卒業してからそれほど年数のたっていない人々

今後，欧米のようなジオデモグラフィック産業が日本でも大きく展開すると予想されるが，個人や世帯の特性やライフサイクルに関する地理情報の蓄積と，このような小地域による分析が日本の社会に受け入れられるかが大きな論点となるであろう。

表2-1 モザイク・ジャパンの地区類型（11グループと50タイプ）

グループ	グループ名	世帯占有率	タイプ	タイプ名	世帯占有率
A	大都市のエリート志向	10.02	A01	流行・情報の先駆者	2.59
			A02	高学歴の会社人間	3.20
			A03	大都会暮らし	3.06
			A04	新社会人	1.17
B	入社数年の若手社員	8.11	B05	都会派ホワイトカラー	3.70
			B06	ヤングファミリー	2.14
			B07	独身貴族	1.89
			B08	製造業の若手社員	0.38
C	大学とその周辺	4.07	C09	地方の学園都市	0.17
			C10	研究都市	1.13
			C11	郊外の大学キャンパス	0.35
			C12	学生歓迎・アパート街	2.42
D	下町地域	7.85	D13	木造長屋	1.27
			D14	戦前世代	2.32
			D15	郊外の借家住まい	1.74
			D16	熟練労働者	2.26
			D17	漁業従事者	0.26
E	地方都市	19.97	E18	農業地域のサービス業	3.16
			E19	昔ながらの町・地域の中心	3.55
			E20	田舎の集落	2.66
			E21	地方ニューファミリー	4.23
			E22	市街地周辺	3.33
			E23	地方居住者	3.04
F	会社役員・高級住宅地	5.76	F24	会社役員	1.41
			F25	郊外居住の管理職	2.47
			F26	中流保守層	1.03
			F27	新興住宅居住者	0.85
G	勤労者世帯	9.43	G28	社宅の多いベットタウン	1.34
			G29	工場労働者	2.09
			G30	若年勤労世帯	1.80
			G31	長距離通勤者	2.78
			G32	高層アパート居住者	1.42
H	公団居住者	3.97	H33	社会福祉受給者	1.12
			H34	団地住まいの熟年勤労者	2.06
			H35	団地住まいの高齢者	0.79
I	職住近接・工場町	18.64	I36	町工場の密集地域	2.65

グループ	グループ名	世帯占有率	タイプ	タイプ名	世帯占有率
			I37	歴史ある工場地域	5.13
			I38	企業城下町	2.47
			I39	小戸建住宅地域	3.23
			I40	工場隣接集合住宅	2.12
			I41	伝統工芸の町	3.04
J	農村およびその周辺地域	7.53	J42	小さな町の中心地	1.38
			J43	地方のシルバー世代	2.28
			J44	田舎周辺の町	2.05
			J45	活気を取り戻した田舎の町	1.82
K	過疎地域	4.63	K46	地方高齢者地域	0.34
			K47	田舎で農業以外の産業のある町	1.34
			K48	昔ながらの田舎町	0.93
			K49	沿岸、山間地域	1.58
			K50	過疎集落	0.44

（出典）アクトンウインズ（株）http://www.awkk.jp/mosaic/

図2-22　モザイク・ジャパンのAグループ「大都市のエリート志向」の居住者のイメージ
　　　　　　　（出典）同上

3　デジタル地図を触る

　デジタル地図と聞いて，多くの人は何を思い浮かべるだろうか。2004年4月に総務省は，日本のインターネットの普及率が60％を越え，ブロードバンド回線利用世帯が5割に迫ったと発表した。ちなみに，同時期の携帯電話の普及率は約7割である。さて，最もよく利用される検索エンジンの1つであるYahoo! JAPAN の 2004 年の検索キーワードランキングをみると，ダントツの「2ちゃんねる」は別として，上位は，Google，goo，楽天，Amazon などの検索エンジンやインターネット関連業界のものがほとんどであった（表 3-1）。その中で，「地図」は第20位であり（昨年は 18 位，ちなみに 2004 年の第 19 位は「冬のソナタ」であった），インターネット利用者の多くが，地図を検索し利用していることがわかる。その場合の地図は，もちろんデジタル地図である。

　インターネット上の地図の検索で最もアクセス数の高いものは，月に 600 万人が利用するといわれる「Mapion」（http://www.mapion.co.jp/）である。日本全体の地図からマウスで選択していくか，住所や郵便番号を直接入力することによって，

表3-1 Yahoo! Japanの2004年の検索キーワード・ランキング

順位	キーワード
1	2ちゃんねる
2	Google
3	goo
4	楽天
5	JAL
6	壁紙
7	Amazon
8	Hotmail
9	ANA
10	フジテレビ
11	MSN
12	ドコモ
13	フラッシュ倉庫
14	JR
15	NHK
16	ヤフー
17	リクナビ
18	au
19	冬のソナタ
20	地図
21	郵便番号
22	トヨタ
23	天気
24	ハローワーク
25	SONY

（出典）http://picks.dir.yahoo.co.jp/new/review2004/general.html

みたい場所を中心とする大縮尺の地図（3000分の1が最大）を表示してくれる。また，リアルタイムでその場所の天気や気温なども一緒に提供してくれる。そして，「ご近所サーチ」をクリックすると，学校やバス停などの近隣のスポットの位置やそのスポットまでの距離を示してくれる。さらに，「周辺住宅情報」をクリックすると，当該地域の住宅物件の賃貸情報や売買情報も提供される。

　これまでの紙の道路地図や住宅地図とは異なって，デジタル地図は，連続的で，縮尺も自由に変えることのできるつなぎ目のないシームレスな地図である。このことはデジタル地図の大きな特長の1つである。目的の場所を地図の中心に移動させ，拡大・縮小が自由自在に行なえるのである。さらに，Mapionの「ご近所サーチ」のように，地図上に他の地図情報を重ね合わせて表示することができるし，地図上の特定の位置にリンクを張ることもできる。

　最近，インターネット検索エンジンの1つGoogle（10の100乗を意味するgoogolのもじり）が，特殊機能の1つとして，Google MapsとGoogle Localを試験的に追

加した。このうち Google Local の機能は，地域の情報を使い勝手の良い地図と衛星画像で表示してくれる。例えば，「京都駅ラーメン」と検索すると，京都駅の中心から近い順に，ラーメン屋のリンクの張られたリスト一覧（住所，電話，ウェブサイトなど）と位置が地図上に表示される。また，拡大していくとゼンリンのデジタル住宅地図あるいは Digital Globe の衛星画像を背景とすることができる。Google Local は Google Maps とともに，インターネット上での新しいデジタル地図の可能性を開いたといえる。同様の試みとして，Yahoo! Japan の「航空写真も見られる！ スクロール地図（ベータ版）」（http://map.yahoo.co.jp/）や，英国 Microsoft 社の「MSN Virtual Earth（Beta）」（http://local.live.com/）などが現れ始めた。

さらに，米国 Google 社は衛星画像のデジタル地図を3次元地図表示できるソフト「Google Earth」なども無償で提供し始めた。宇宙空間からの地球全体表示から，ズームインしながら，1つ1つの家屋や車などが識別できる高解像度の衛星画像を，シームレス（つなぎ目のない）に表示させることができる。Google Earth によって鳥の目の視点から，コンピュータによって再現された仮想空間上を自由に旅することができるようになった。

デジタル地図の最大の利点は，複数の地図を重ね合わせて活用できるという点にある。いわゆる情報とよばれるものの中の約 75％には位置に関する情報が含まれているといわれる。それゆえ多くの情報はデジタル化すれば，デジタル地図上に配置

することができる。地図にできるということに気づかれないままの情報が実は膨大に存在している。既存のデジタル地図に，現地調査の結果や，過去の状態を示す古い地図などの地理情報をデジタル地図として重ね合わせることによって，新たな知的興奮がもたらされるのである。

現在，さまざまな種類のデジタル地図が作成され，インターネット上で流通している。以下では，代表的なデジタル地図を実際に触って，紹介していくことにしよう。

1 政府によるデジタル地図

阪神・淡路大震災後の1995年9月，内閣官房に地理情報システム（GIS）関連省庁連絡会議が設置された。そこでの目的は，阪神・淡路大震災等の教訓を踏まえ，関係省庁の密接な連携の下にGISの効率的な整備及びその相互利用を促進することにある。1996年度から3年間を基盤形成期，1999年度から3年間を普及期と位置づけ，2002～05年のアクションプログラムの後，測位・地理情報システム等推進会議に発展・継承された。国土数値情報をはじめ，国土地理院の作成するデジタル地図などさまざまなものが，関連省庁のホームページから閲覧・ダウンロードができるようになった。

地域メッシュで言及した国土数値情報は，全国総合開発計画，国土利用計画など国土計画の策定の基礎となるデータとして，地形，土地利用，公共施設，道路，鉄道など国土に関するさま

ざまな地理情報を数値化したものである。後述の数値地図シリーズと重複するものもあるが，基本的には，全国を網羅するものであり，メッシュで集計されたものが多く，精度的にも2万5千分の1よりも小縮尺である。ただし，残念ながら，主なデータは1970年代から1990年ぐらいまでのものが多く，情報としては古いものが多い。

　現在，電子国土の構築を目指して国土地理院が取り組んでいるデジタル地図に，数値地図シリーズがある。国土地理院は，1990年代中頃から，従来の紙地図に加え，さまざまなデジタル地図を発行するようになった。数値地図は，紙地図をデジタル画像化したラスタ形式のものと，地物を，点，線，多角形データとしたベクタ形式のものとに大別される。

　ラスタ形式のものとしては，「数値地図25000（地図画像）」「数値地図50000（地図画像）」「数値地図200000（地図画像）」が，ベクタ形式のものとしては，「数値地図2500（空間データ基盤）」「数値地図10000（空間データ基盤）」「数値地図25000（空間データ基盤）」がある。この他，ポリゴン・データの「数値地図25000（行政界・海岸線）」，ポイント・データの「数値地図25000（地名・公共施設）」や，メッシュ・データの「数値地図50mメッシュ（標高）」「数値地図250mメッシュ（標高）」があり，さらに主要な都市圏を対象に「数値地図5mメッシュ（標高）」などが提供されている（詳細は，地図センター http://www.jmc.or.jp/data/gsi.html）。

● **数値地図（地図画像）**

　現在，国土地理院の地形図や地勢図は，高解像度のデジタル画像で管理されており，最近の紙地図はこのデジタル画像を印刷したものである。そして，原版ともいえる高解像度のデジタル画像の解像度を落としたものを「数値地図（地図画像）」として販売し，さらに2万5千分の1地形図に関しては解像度を落として Web 上で公開している（http://watchizu.gsi.go.jp/）。頒布されているラスタ形式の数値地図は，解像度 25 μm（0.025 mm）／画素で読み取った TIFF 形式の画像データを，パソコンで扱いやすく，地図としての画質に耐えうるよう 100 μm に間引いたものである。

　立命館大学付近の，3つの縮尺の異なる「数値地図（地図画

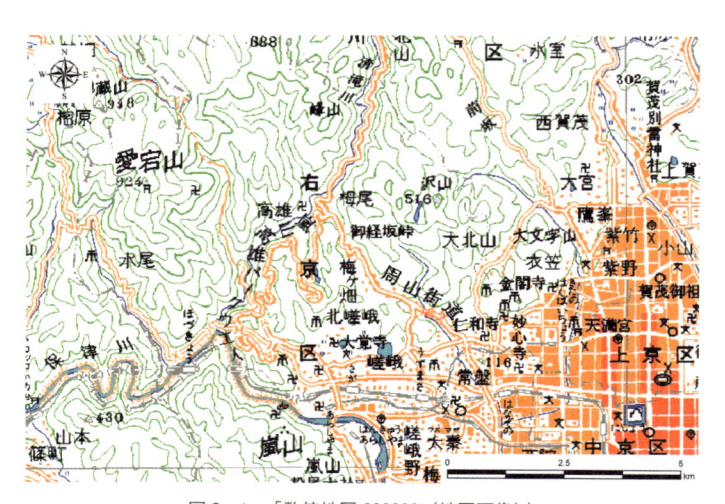

図3-1　「数値地図 200000（地図画像）」

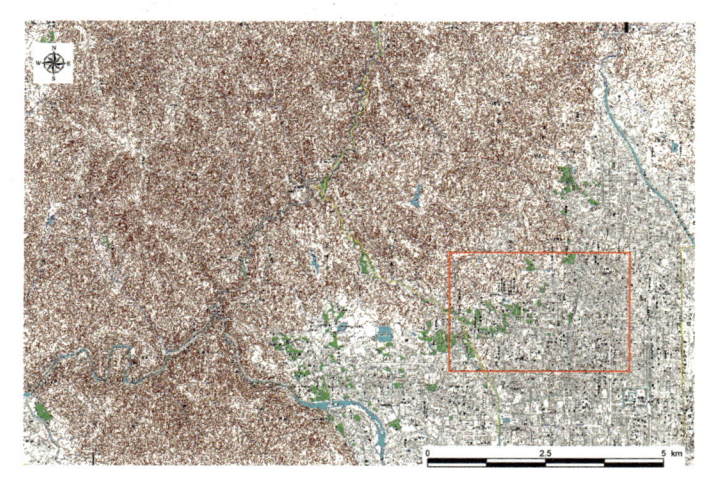

図 3-2 「数値地図 25000（地図画像）」

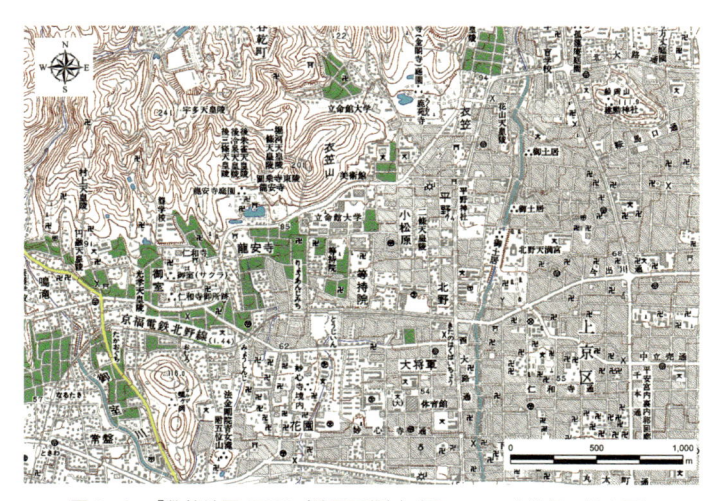

図 3-3 「数値地図 25000（地図画像）」（図 3-2 の赤枠部の拡大図）

3 デジタル地図を触る —— 55

像)」は,図3-1〜3である。GISソフトに取り込んだ地図画像は,縮尺を任意に変えることができるので,表示したときの縮尺が重要となる。常にスケール・バーなどを表示させておく必要がある。

　数値地図(地図画像)は,GISの分析の背景図として用いるのに便利であるが,最大の特長は,表3-2にあるような項目でレイヤを分離することができる点にあるだろう(図3-4)。

　国土地理院は,この数値地図を背景として,その上にさまざまな地理情報を重ね合わせて表示することができるソフトウェア「電子国土Webシステム」をWeb上に公開している(http://cyberjapan.jp/)。この「電子国土Webシステム」を活用することで,ホームページ上で地図を使ったさまざまなサービスを提供することができる。これにより,だれでも地図を使ったホームページを簡単かつ廉価に構築することができるようになった。

● 数値地図(空間データ基盤)

　ベクタ形式の数値地図は,現在,販売されている地形図に対応して,2500分の1,10000分の1,25000分の1の3種類が提供されている(ただし,「数値地図10000(空間データ基盤)」は現在販売されていない)。「数値地図2500(空間データ基盤)」が最も精度が高く,各市区町村が作成する都市計画図を基に作成されており,都市計画区域を中心に整備されている。当初は,全国を「数値地図2500(空間データ基盤)」で網羅する計画であったが,都市計画図のない地域に関しては,新たに

表3-2 「数値地図 25000（地図画像）」のレイヤ一覧

項　目	内　容
注記版	居住地名や人工物，自然物等の名称，または，建物記号等
注記マスク版	注記文字を含む範囲をマスク
墨　版	鉄道，道路，建物，境界等
藍　版	水涯線，水田
褐　版	等高線，がけ，土堤，地下鉄
墨マスク版	樹木に囲まれた居住地
藍マスク版	河川水面，海水面，湖水面
褐マスク版	国道

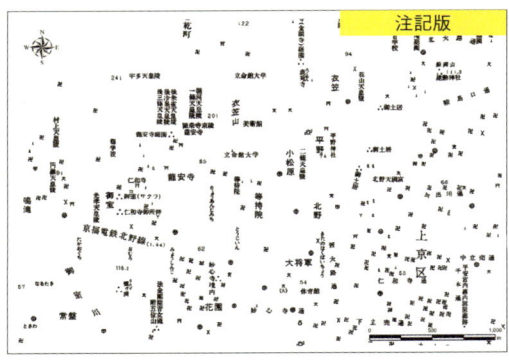

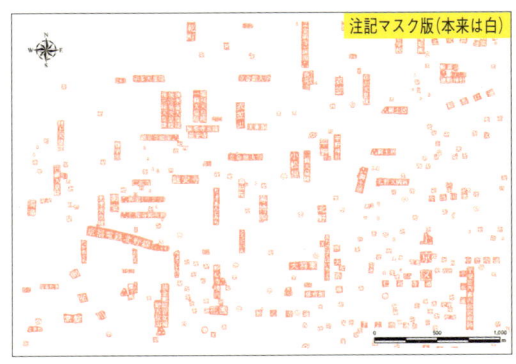

図3-4　「数値地図 25000（地図画像）」のレイヤ
（図3-3と同じ範囲）…58-59頁につづく

3　デジタル地図を触る

墨版

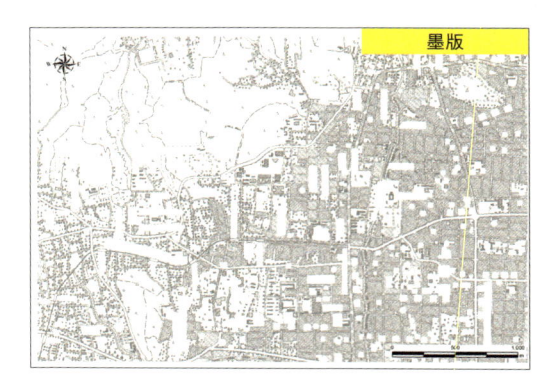

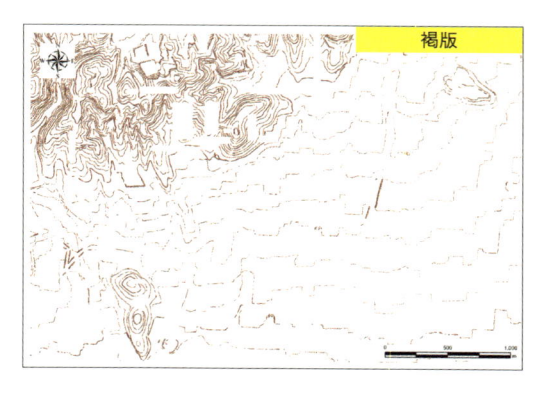

藍版

褐版

3 デジタル地図を触る ── 59

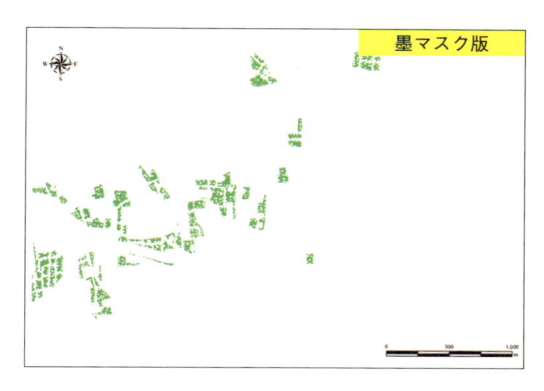

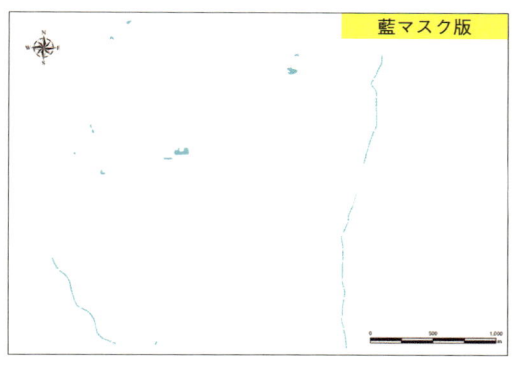

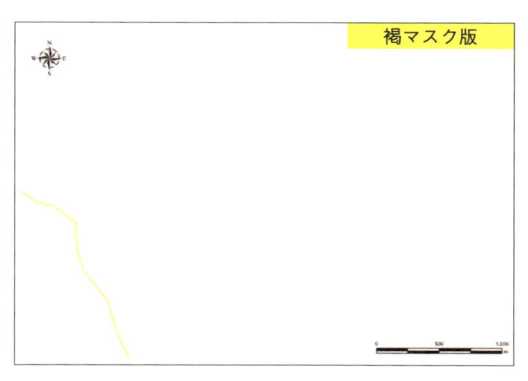

測量する必要がある。

　そこで，現在，紙地図4,339枚で日本全体を網羅する25000分の1地形図から，地図情報をベクタ化した「数値地図25000（空間データ基盤）」が全国整備された。「数値地図25000（空間データ基盤）」には，地形図から取得した，地物や注記が含まれており，等高線の代わりに，50mのメッシュ標高の点データが含まれている（**表3-3**）。それらの点データや線データは図3-5のようにそれぞれ単独に扱うことができる。

　「数値地図2500（空間データ基盤）」「数値地図10000（空間データ基盤）」では，精度が異なる上に，ベクタ化される情報も異なる。もちろん，紙地図においても縮尺によって記号化される建物や道路も異なる。例えば，建物記号の点データに関しては，「数値地図25000（空間データ基盤）」では学校や郵便局などの公共建物のみであるが，「数値地図2500（空間データ基盤）」では，銀行や寺院，神社などの施設の点データが含まれている。いずれの点データも，基本的には，紙地図の建物の地図記号の位置を示している。なお，現在は，これらの数値地図は，国土地理院のホームページからダウンロードできる（http://sdf.gsi.go.jp/）。

● 数値地図（標高）

　全国の数値地図50mメッシュが作られたことによって，詳細な標高データを捉えることが可能となった。これまでは，地表面の起伏を把握するために，紙の地形図の等高線をなぞった

表 3-3 「数値地図 25000（空間データ基盤）」のレイヤ一覧

項　　目	内　　容
道路	位置，名称，国道番号，高速道 or 一般道，有料 or 無料，幅員，橋，トンネル，雪覆い
鉄道	位置，名称，JR 線 or その他，駅，トンネル，雪覆い
河川	位置，名称，一条河川 or 二条河川
水涯線	位置，湖岸線
海岸線	位置
行政界	位置，確定境界 or 未確定境界，都道府県境界 or 市町村界
基準点	位置，種類，標高値
地名	位置，名称
公共施設	位置，名称，国 or 地方公共団体
標高	位置，標高値

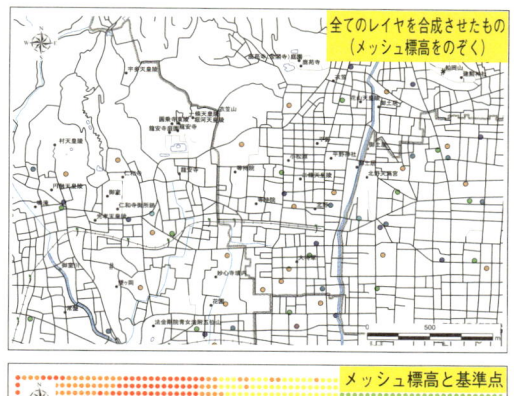

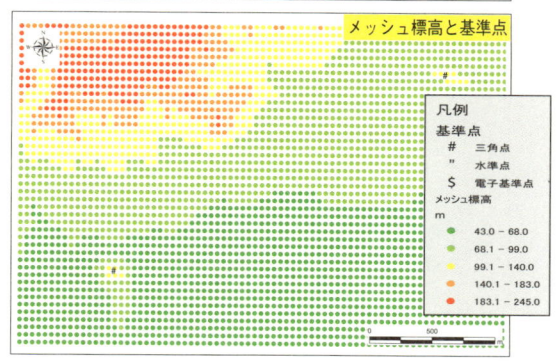

図 3-5 「数値地図 25000（空間データ基盤）」のレイヤ
（図 3-3 と同じ範囲）…62-63 頁につづく

3　デジタル地図を触る ── 61

行政界

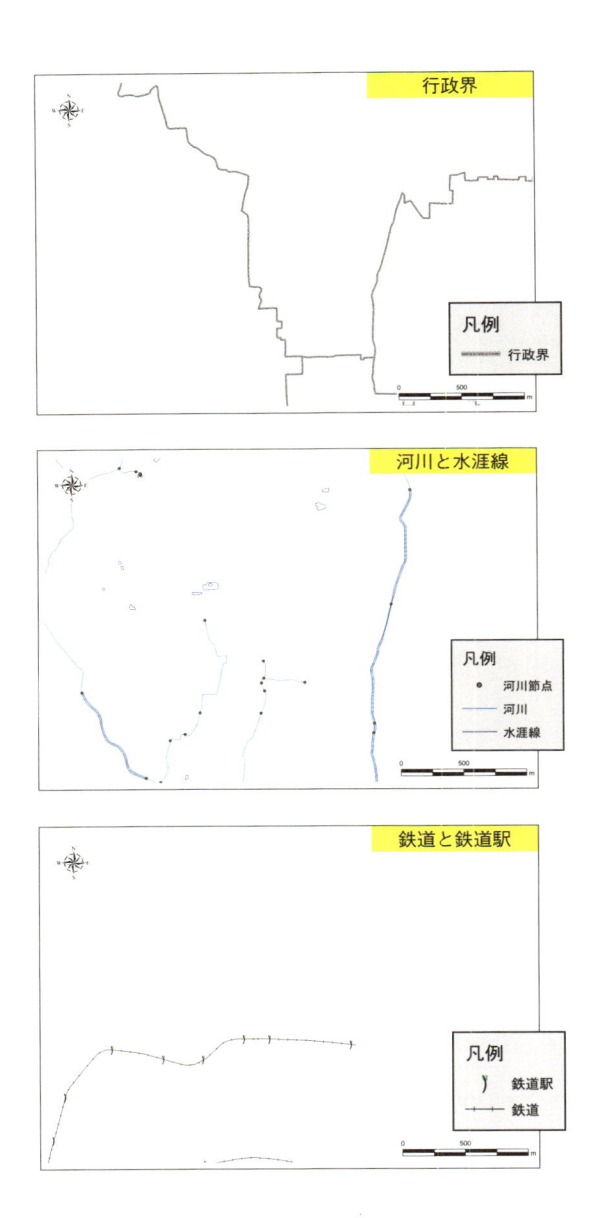

凡例
行政界

河川と水涯線

凡例
・ 河川節点
― 河川
― 水涯線

鉄道と鉄道駅

凡例
) 鉄道駅
― 鉄道

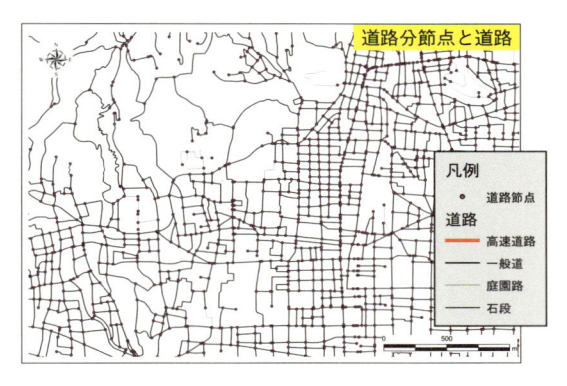

道路分節点と道路

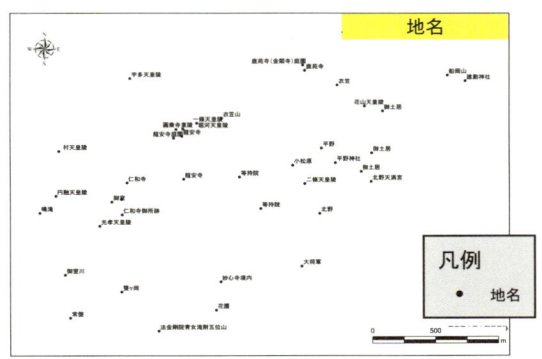

凡例
- 道路節点

道路
- 高速道路
- 一般道
- 庭園路
- 石段

地名

凡例
- 地名

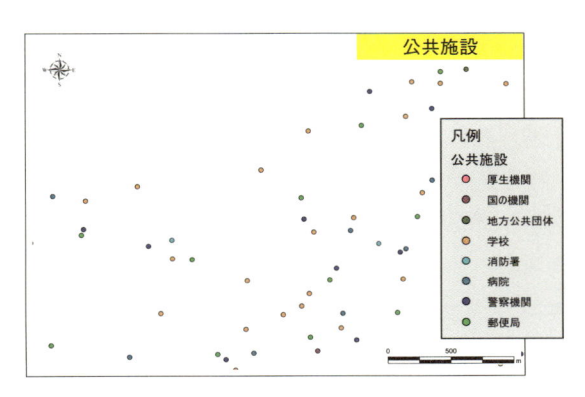

公共施設

凡例
公共施設
- 厚生機関
- 国の機関
- 地方公共団体
- 学校
- 消防署
- 病院
- 警察機関
- 郵便局

3 デジタル地図を触る —— 63

り，彩色したりしてきた。しかし，GIS はこうした手作業を，GIS 上でのマウス操作に置き換え，これまで容易に描くことができなかった，任意の間隔での等高線，傾斜，陰影，斜面方位，可視領域などが簡単に描けるようになった（図 3-6(a)〜(d)）。そして，何よりもこの標高データを用いれば，地表面の 3 次元表示を行なうことができる（図 3-6(e)）。

さらに，最近では，代表的な火山周辺に関して，5 千分 1 および 1 万分 1 火山基本図より求めた「数値地図 10 m メッシュ（火山標高）」や，一部の都市部において，航空レーザースキャナ計測による「数値地図 5 m メッシュ（標高）」など，より詳細な標高データが刊行され始めた。

現在では，カシミールなどのフリーの 3 次元表示ソフトもあり，標高データがあれば，簡単に 3 次元地図を作成できる。2 次元地図の場合は，縮尺が目の位置（地表面までの距離）に対応するといえるが，3 次元地図の場合，目の位置に加え，どの方向をみるかという細かな設定が必要となる。

● 細密数値情報

国土地理院による三大都市圏宅地利用動向調査で作成されている「細密数値情報」は，10 m メッシュの非常に高い解像度の土地利用のデジタル地図で，1970 年代後半からおおむね 5 年ごとの 5 時期のものが整備されている（表 3-4）。

10 m メッシュは非常に細かい解像度であり，公園や街区あるいは大きな通路なども識別できる。時期も 5 時点もあること

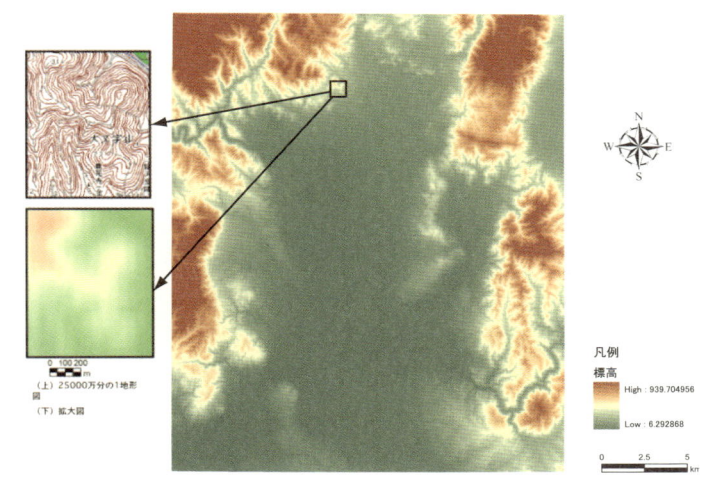

図3-6(a) 標高データのGIS（標高のラスタ表示）

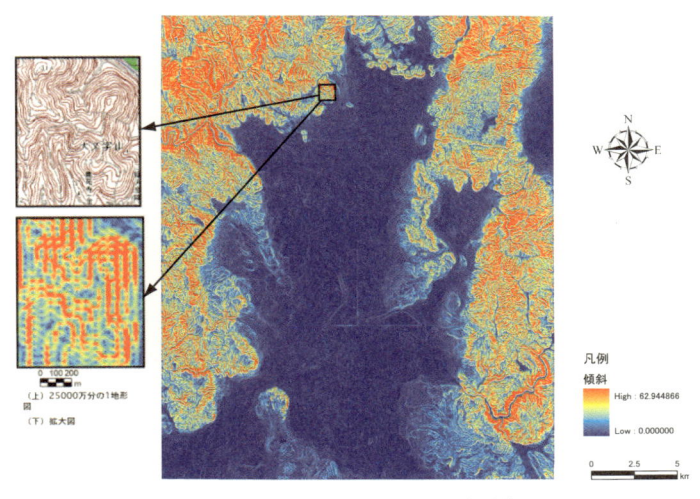

図3-6(b) 標高データのGIS（傾斜）

3 デジタル地図を触る —— 65

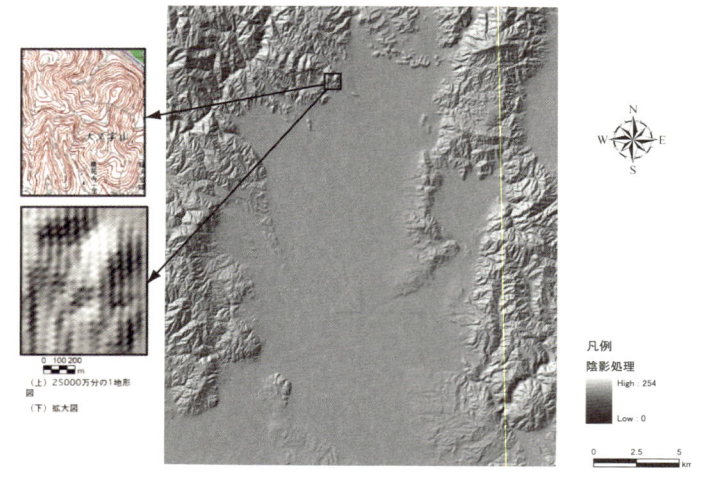

図3-6(c) 標高データのGIS（陰影処理）
北西方向・仰角45度に光源を設定

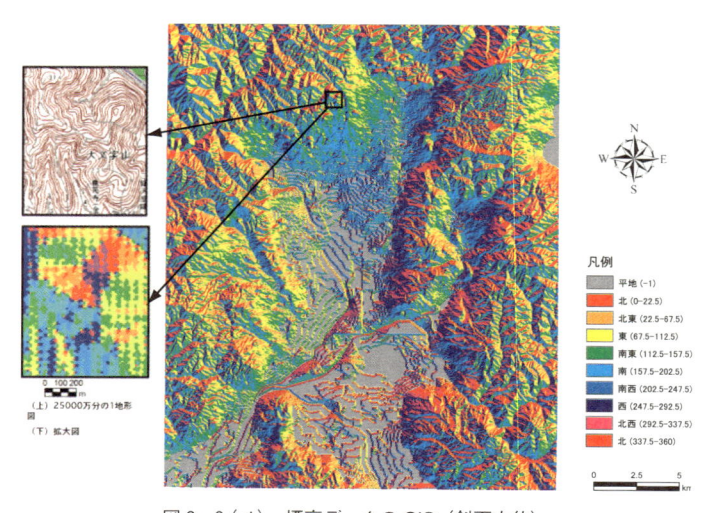

図3-6(d) 標高データのGIS（斜面方位）

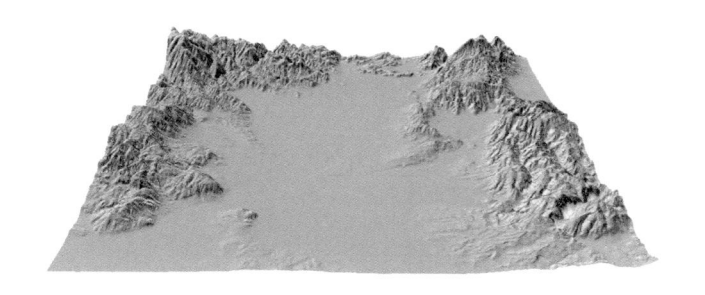

図3-6(e)　標高データのGIS（3次元表示）

から，大都市圏内部の詳細な土地利用変化を捉えることができる貴重なデジタル地図である（図3-7）。

● 地籍整備：平成の検地

　戦後の1951年の国土調査法によって，基準点測量（4等3角点）および水準測量（2等水準点）による土地および水面の測量を行なう基本測量と，毎筆の土地の所有者，地番，地目の調査ならびに境界の地籍調査が地方公共団体に課せられた。しかし，いまだ都市部を中心に完了していない。これをGISやGPSを用いて効率化を進め，地籍図をデジタル地図化する試みが行なわれている。いわゆる「平成の検地」である。

　2004（平成16）年6月の都市再生本部会合で，小泉首相が全国の都市部の地籍整備を重点的に推進するよう指示した。地籍を整備することで，公共事業や都市開発事業のコストや期間を減らし，都市再生をより大きく推進する狙いがある。例えば，六本木ヒルズの場合，事業期間約17年のうち，境界確定作業だけで約4年を費やしており，事前に地籍整備が行なわれていれ

表3-4 「精密数値情報」の土地利用カテゴリ

	土地利用分類	定義	コード
	山林・荒地等	樹林地，竹林，篠地，笹地，野草地（耕作放棄地を含む），裸地，ゴルフ場等をいう。	1
	田	水稲，蓮，くわい等を栽培している水田（短期的な休耕田を含む）をいい，季節により畑作物を栽培するものを含む。	2
	畑・その他の農地	普通畑，果樹園，桑園，茶園，その他の樹園，苗木畑，牧場，牧草地，採草放牧地，畜舎，温室等の畑及びその他の農地をいう。	3
	造成中地	宅地造成，埋立等の目的で人工的に土地の改変が進行中の土地をいう。	4
	空地	人工的に土地の整理が行われ，現在はまだ利用されていない土地及び簡単な施設からなる屋外駐車場，ゴルフ練習場，テニスコート，資材置場等を含める。	5
	工業用地	製造工場，加工工場，修理工場等の用地をいい，工場に付属する倉庫，原料置場，生産物置場，厚生施設等を含める。	6
	一般低層住宅地	3階以下の住宅用建物からなり，1区画あたり100平方メートル以上の敷地により構成されている住宅地をいい，農家の場合は，屋敷林を含め1区画とする。	7
	密集低層住宅地	3階以下の住宅用建物からなり，1区画あたり100平方メートル未満の敷地により構成されている住宅地をいう。	8
	中高層住宅地	4階建以上の中高層住宅の敷地からなる住宅地をいう。	9
	商業・業務用地	小売店舗，スーパー，デパート，卸売，飲食店，映画館，劇場，旅館，ホテル等の商店，娯楽，宿泊等のサービス業を含む用地及び銀行，証券，保険，商社等の企業の事務所，新聞社，流通施設，その他これに類する用地をいう。	10
	道路用地	有効幅員4m以上の道路，駅前広場等で工事中，用地買収済の道路用地も含む。	11
	公園・緑地等	公園，動植物園，墓地，寺社の境内地，遊園地等の公共的性格を有する施設及び総合運動場，競技場，野球場等の運動競技を行うための施設用地をいう。	12
	その他の公共公益施設用地	公共業務地区（国，地方自治体等の庁舎からなる地区），教育文化施設（学校，研究所，図書館，美術館等からなる地区），供給処理施設（浄水場，下水処理場，焼却場，変電所等からなる施設地区），社会福祉施設（病院，療養所，老人ホーム，保育所等からなる施設地区），鉄道用地（鉄道，車両基地を含む），バス発着センター，車庫，港湾施設用地，空港等の用地をいう。	13
	河川・湖沼等	河川（河川敷，堤防を含む），湖沼，溜池，養魚場，海浜地等をいう。	14
	その他	防衛施設，米軍施設，基地跡地，演習場，皇室に関係する施設及び居住地等をいう。	15
	海	海面をいう。	16
	対象地域外		17

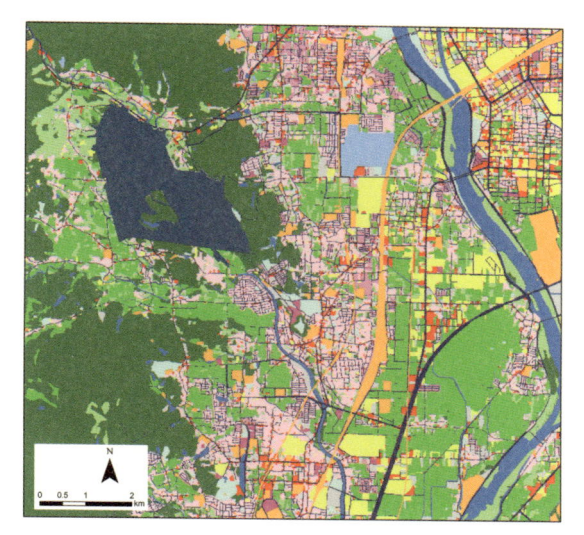

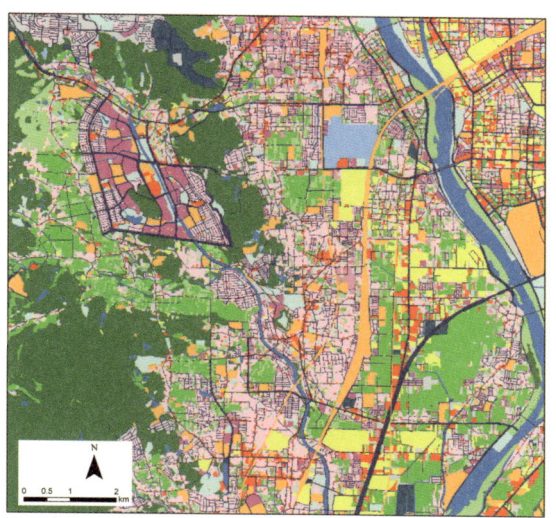

図3-7　細密数値情報（上）第1期：1979年，（下）第5期：1996年
　　　凡例は表3-4を参照

ば4年間という期間とコストが縮減できたという。

そこで、国土交通省と法務省が連携し、地籍整備が遅れている都市部で、国土交通省が「都市再生街区基本調査」事業を開始した。街区の角の座標調査や、道路台帳などの既存データを収集し、国が直轄で実施するものである。こうした地籍整備の基礎的データを、実際に地籍調査を行なう市町村に提供し、都市部における地籍整備を2006年度までに完了しようとするものである。2004年度予算では、従来の地籍調査予算に加え、102億円もの都市再生街区基本調査費が計上されている。しかしながら、技術的な問題は解決されても、隣地との境界線の確定に関してはなかなか大変な問題を含んでいる。

2 さまざまなデジタル地図

政府によるデジタル地図以外にも、精度の高いさまざまなデジタル地図が民間によって作成されている。例えば、数値地図シリーズや国土数値情報に含まれる道路、鉄道、駅などのデジタル地図も民間から高精度かつ新しいものが販売されている。道路を線として扱ったデジタル地図は、カーナビゲーションには不可欠なものである。地点間の最短の道路距離を計測したり、時間距離を推定したりするためには、道路ネットワークの位相構造がしっかりしていなくてはならない。さらに、最短経路を探索する場合には、有料の高速道路を利用するか否か、道路の幅員や車線数などの情報も含まれなければならない。

道路のデジタル地図データも，数値地図や国土数値情報のものは，地形図でわかる情報しか含まれないが，（株）北海道地図の道路データでは，高速自動車道，国道，主要地方道，一般都道府県道等を収録し，幅員などの基本データ，道路構造，交通状況，交通規制等の区分なども含んでいる。

　道路に関しては，道路台帳という500分の1精度の地図がある。このデータは，大縮尺過ぎて，一般的な利用になじまないが，水道，ガス，電気など道路の地下を共用する事業では，マンホールの位置も含め，きわめて重要な地図である。例えば，京都市の場合は，（財）道路管理センターに道路台帳の作成を依頼し，デジタル地図として管理している。一般には提供されないが，歩道の段差など，バリアフリーマップのベースマップなどに活用することができるかもしれない。

　とりわけカーナビゲーション業界では，利用者のニーズにこたえる形で各社がしのぎを削っている。精確で新しい道路情報を提供するのはもちろん，全国の道路サイドのガソリンスタンドやファミリーレストランなどの最新の情報を捕捉し，提供していかなくてはならない。そうした最新情報の収集や，利用者への配信方法の効率化はカーナビゲーション会社の重要課題である。さらに利用者は，使い勝手はもちろん，リアリティの高い3次元地図に加え，渋滞や事故に関する交通情報や詳細な施設情報など，安全で快適なドライブに便利な情報を求めるであろう。こうした市場での競争が，GIS産業をさらに発展させているといえる。

●デジタル住宅地図

　国が整備するデジタル地図以外に，民間の地図会社などが多くのデジタル地図を作成している。高価であるが，最も利用価値の高いものに，デジタル住宅地図がある。住宅地図といえば，NHKの『プロジェクトX』でも取り上げられた北九州に拠点を置く，（株）ゼンリンの住宅地図が有名である。市区町村ごとに冊子体で売られている住宅地図は，飲食店の出前から，自治体内のさまざまな業務，ひいては警察や消防などの危機管理にも広く活用されている。もちろん地理学研究にも欠かせないものであり，地理学の学生ならば知らないものはいないであろう。

　その最大の特長は，なんといってもすべての建物の表札名が含まれているということである。このデータは調査員が足を使って，定期的に悉皆調査しているというからたいしたものである。家を探すのに住所や地番だけでは特定しづらいが，表札名が分かれば，ピンポイントで家をみつけることができる（図3‐7）。従来の大判の冊子体であった住宅地図が，デジタル地図になったことにより，ページめくりの必要がなくなり，拡大・縮小はもちろん，表札名や住所から検索表示したり，画像データとして自由に印刷したり，メールで送ったり，さらにはインターネットで閲覧したりすることができるようになる。

　このような住宅地図は，個人情報に敏感な欧米では存在しない日本独自のものである。表札名が個人情報かどうかをめぐるいくつかの議論がある。問題の1つは，本人の氏名と住所が知らない間に地図として流通している点であろう。昔は電話帳に，

凡例

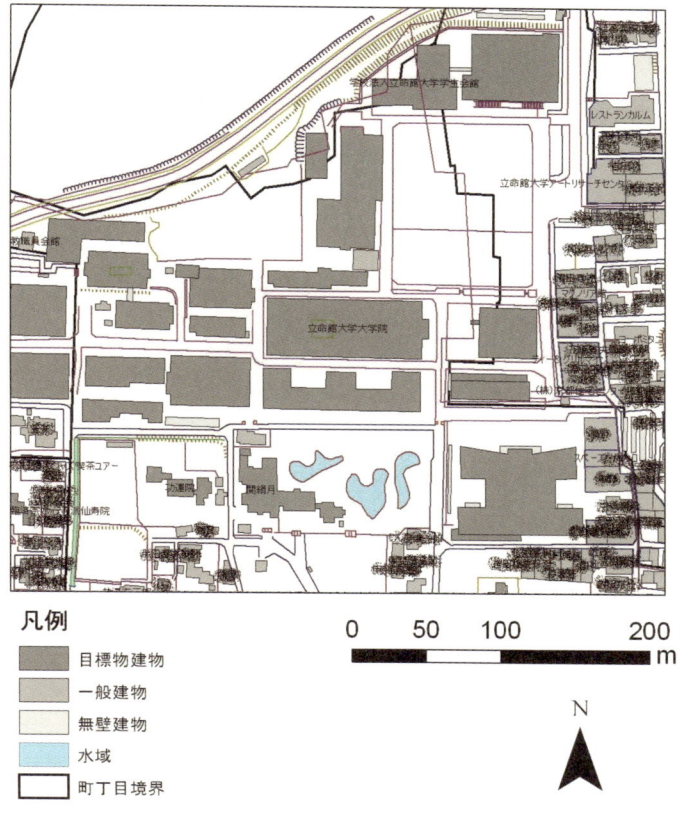

- 目標物建物
- 一般建物
- 無壁建物
- 水域
- 町丁目境界

0　50　100　200 m

N

図3-7　デジタル住宅地図（(株)ゼンリン「ZmapTown Ⅱ」）
　　　ここでは個人名と思われる表札名はぼかしてある。

3　デジタル地図を触る

ほとんどの家の名前，住所，電話番号が掲載されていた。約7割を超える（PHSを含む。2004年末現在）人がもつ携帯電話が普及した現在，「ハローページ」がどの程度意味があるのかは疑問であるが，最近のNTTの「ハローページ」では掲載の可否を本人が意思決定できる仕組みになっている。この背景には，迷惑な勧誘やいたずら電話をはじめ，一人暮らしの女性を狙うような悪質な犯罪が増加したことによるのだろう。しかし，多くの事業所にとって，事業所名，住所，電話は重要な広告情報といえる。現に，NTTの「タウンページ」では，NTTが独自に作成している業種分類ごとに，かかる情報が掲載され，さらには，有料で広告も載せている。

　また，個人の名前，住所が悪用されることはもちろん許されないが，自宅で受ける宅配やタクシー配車などのサービスの効率化や，緊急時の対応などで正確な位置情報が必要な場合に有効に機能することもある。ゼンリンの表札名の公開は常に諸刃の剣であり，裁判にもなった（1998年に鹿児島県内の男性がゼンリンを相手取り，プライバシー侵害だとして鹿児島地裁に出版差し止めの仮処分を申し立てたが，地裁は男性の訴えを退けた）。

　なお，20歳以上の有権者に関しては，氏名と住所が選挙人名簿で公開されており，誰でも閲覧することができるし，一定の手続きを踏めば住民基本台帳も閲覧することができる。さらに最近では，「名簿屋」という職業があり，同窓会名簿，学会員名簿などが，知らない間に流通している。このほかに，景品への

応募，店舗のカード作成などを通して本人が気づかないうちに，個人情報を提供している場合もある。もちろん，2005年4月施行の個人情報保護法によって，個人情報取扱事業者は個人情報データベースを一定のルールのもとで慎重に扱わなければならなくなったが，個人としては考え出したらきりがない。あまり神経質にならずに，個人情報はあらゆる形で流通している可能性があると考えて行動することが肝要であるといえよう。

　住宅地図はおおむね 2500 分の 1 の精度であり，研究では都市的土地利用の分析をはじめさまざまに利用されているが，とりわけ，過去の情報が貴重な場合も多い。自分の現在住んでいる場所の過去の環境がどうであったかを知ることもできる。現に，アスベスト問題において，過去の住宅地図の問い合わせがあるという。

　現在の都市的土地利用は，現地調査によって収集できるが，過去の都市的土地利用は，過去の住宅地図を基礎としなくてはならない。京都市に関しては，現在ではゼンリンの住宅地図が中心であるが，過去のものは，現在大阪府下を中心に事業展開している吉田地図（株）の精密住宅地図がある。基本的に，住宅地図は過去のものは販売されていない。しかし，図書館などには，過去の住宅地図が保管されている。例えば，京都府立総合資料館には，吉田地図の過去の精密住宅地図が所蔵されており，昭和 30 年代以降に出版されたもののほとんどを閲覧することができる。

　前述のように，1990 年代に，ゼンリンが住宅地図のデジタル

地図を販売した。冊子体の住宅地図のデータ作成や更新においても、地図のデジタル化は必須であり、それを販売しているのである。さらに、このデジタル住宅地図は、表札名のない家屋形状をもつ簡易版から、表札名を含んだものまでさまざまな種類のものが提供されている。デジタル地図には、建物の階数が含まれており、それに基づいて3次元的な都市空間を表示することもできる。

　家屋形状が特定できるデジタル地図に関しては、「数値地図2500（空間データ基盤）」に含まれるような家屋のラスタ形式のものは別として、ゼンリン以外にも、インクリメントP（株）（iPC）のデジタル住宅地図など、複数の民間企業がこの市場に参入している。そもそも、2500分の1精度の家屋形状は、各自治体が作成している都市計画図に基づくものである。都市計画図は測量法に基づく、公共測量によって作図された実測図で、家屋形状は空中写真にそって描かれる。

　ゼンリンを含め民間会社によって作成された住宅地図は、紙地図の都市計画図の家屋形状をデジタイザというマウスのような座標読取装置でなぞったりして作成している（最近は独自に空中写真などから作成する場合もある）。実際、ゼンリンは、ゼンリンが作成したデジタル地図を複写して販売しているとして、iPCなどの企業を裁判に訴えている。こうした住宅地図市場の活況の背景には、今後、GPSとリンクしたカーナビゲーションや位置情報提供サービスでのデジタル地図の利用が見込まれているためであろう。近い将来、詳細な3次元の住宅地図

が展開していくことになるかもしれない。

● 空中写真

　空中写真は，地図作成のベースになる地図情報であるが，最近では，空中写真をスキャナで読み込んでデジタル画像とし，GIS 上に重ね合わせて用いる機会も多い。その場合，空中写真の解像度はスキャナの読み取りの解像度に依存する。しかし，最近では，空撮カメラが高解像度のデジタルカメラに置き換わり，デジタル化された空中写真が販売されるようになった。

　空中写真は，飛行機で上空 4,500 〜 6,000 m くらいの高さから撮影され，30 ㎝ 程度の解像度である。現在一般に入手できる最も解像度の高い衛星画像でも 60 ㎝ 程度なので，航空写真の方が細かくみえることになる。

　なお，空中写真は，レンズを通して空間を縮めて写すために，中心の焦点から離れるにしたがって，ゆがみが生じると同時に，高層建物などは遠近法的なものになる。こうした中心投影法による空中写真を正射投影法に作り変えることをオルソ補正という。オルソ（ortho）とはギリシャ語で「正しい，ひずみのない」という意味で，オルソ化された空中写真は，地図とうまく重ね合わすことができる（図3-8）。さらに，標高データの3次元モデルにオルソ化された空中写真を貼り付けるとよりリアリティのある3次元 GIS を構築することができる（図3-9）。

　上空からの写真としては，戦後の昭和 22 年頃から全国土を対象に繰り返し撮影された，約 100 万枚に及ぶ国土地理院が保

有する空中写真があり，それらは現在デジタル画像データとして提供され，一部は Web 上でも公開されている（http://mapbrowse.gsi.go.jp/Airphoto/）。

（a）普通の空中写真　　　　　　（b）オルソ化した空中写真
図 3‑8　空中写真のオルソ化

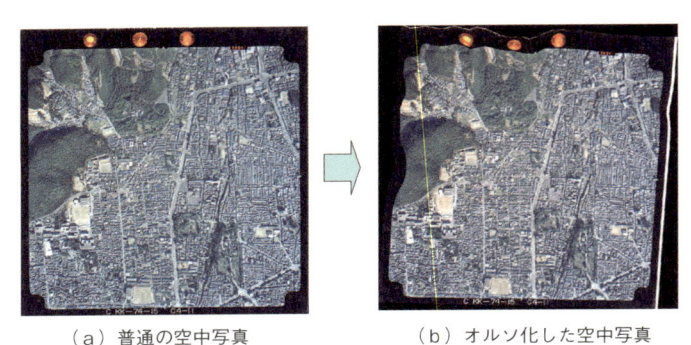

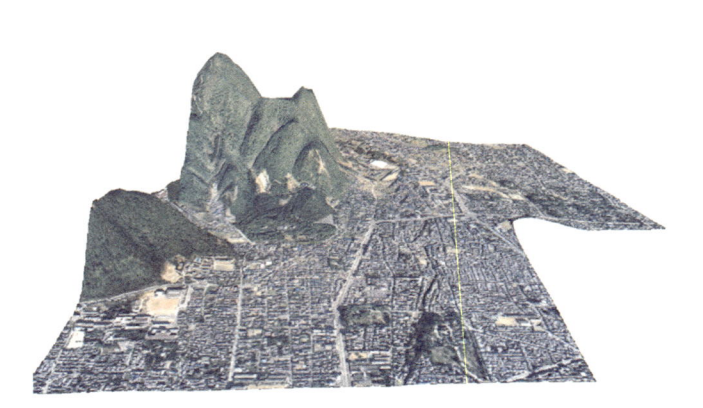

図 3‑9　空中写真の 3 次元表示
3D モザイク画像　高度は 3 倍に強調

●衛星画像

　1957年10月のソ連による世界初の人工衛星「スプートニク一号」打上げ以降，世界で約5千を超える人工衛星が打ち上げられてきた。人工衛星の種類には，宇宙を分析する科学衛星以外に，通信・放送衛星，気象・地球観測衛星，GPSに用いられる航行・測位衛星，さらには偵察やミサイルの発射を探知するような軍事衛星などがある。デジタル地図と大きく関わるものは，地球を観測し，デジタル地図ともなる地球観測衛星や，これからの測量に欠かせなくなる測位衛星である。ここでは，地球観測衛星から送られてくる衛星画像についてみてみよう。

　冷戦期における宇宙開発でソ連に一歩先を越された米国は，1960年代から70年代にかけて，人類を月に送るという壮大な目標を掲げて「アポロ計画」を推し進めた。その中心にあった米国航空宇宙局（NASA）は，アポロ計画で得た技術力を実用的な用途に役立てようと，さまざまな宇宙システムの開発を行なった。その1つが地球観測衛星「ランドサット（LANDSAT）」である。

　ランドサットは1964年ころから開発が進められ，1970年に，地球資源技術衛星「アーツ（ARTS）」と名づけられ，1972年7月に第1号が打ち上げられた。そして，それまでの空中写真ではわからない地表面のさまざまな様子が画像データとして，次々と送られてくるようになった。その後，ランドサットは計7機が打ち上げられ，現在，5号機（1984年打ち上げ）と7号機（1999年打ち上げ）の2機が運用されている。なお，1993

年10月に打ち上げられた6号機は失敗している。

　ランドサットは地上約705 km（1～3号は約915 km）の上空から地球を観測している。日本列島の観測は，午前9時半前後に行なわれ（太陽同期軌道），衛星が地球を一周する時間は約99分，16日（1～3号は，約120分，18日）で世界中を観測する。ランドサット画像は1シーンで185 km×185 kmの地域をカバーしている。

　ランドサットは，地表面からの太陽反射光を，青，緑，赤，赤外線の4つの波長帯（バンド）に分けて観測する光学センサ（多重スペクトル走査計：MSS）と，地表面を可視光域から熱赤外域までの7つの波長帯で観測する（セマティックマッパー：TM）を用いている（LANDSAT‐7号では，地表分解能15mの高解像度をもつバンド8が新たに付加されたETM＋：Enhanced Thematic Mapper Plusを搭載している）。地表面の57×79 mの矩形から発せられる7つの波長の平均走査の値をもちいて，地表の状況（グランド・ツルース）を識別することになる（図3‐10）。

　例えば，植生，土壌，水部の3つの土地利用を扱うとすると，それぞれの土地利用は，それぞれが固有に放つ波長（スペクトル・サインとよばれる）を示す。例えば，赤と赤外線のバンドを用いるならば，植生，土壌，水部のピクセルは，図3‐11のような2次元のグラフ上に配置することができる。このような原理を用いて，地球上の表面が画像として表現されることになる。

赤(R):バンド3

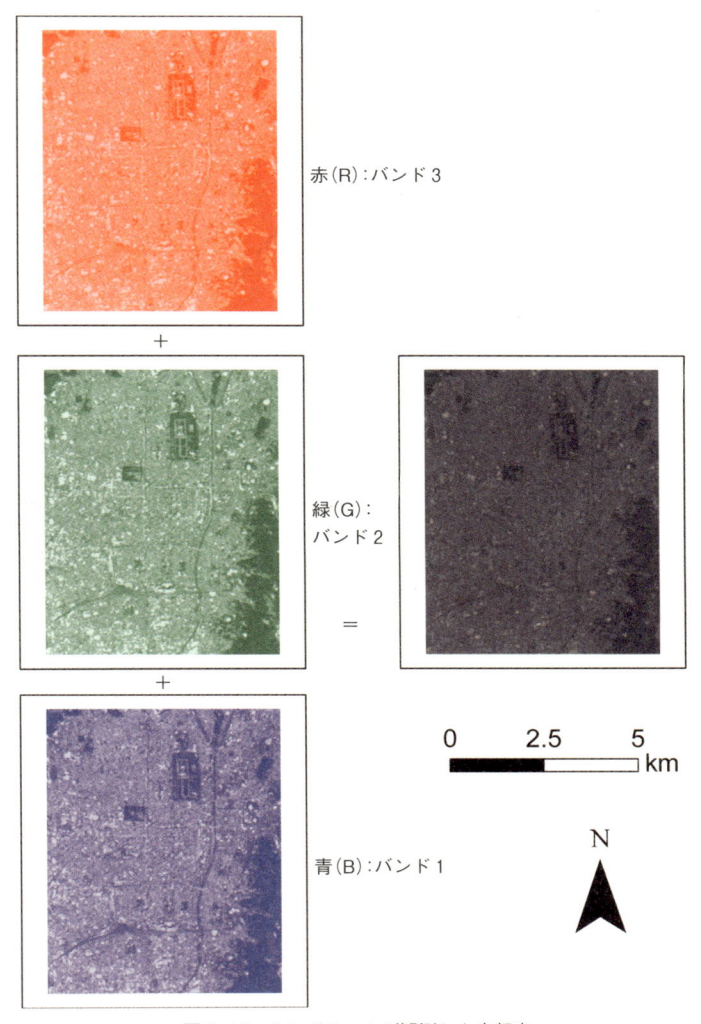

緑(G):バンド2

青(B):バンド1

図3-10　ランドサットが観測した京都市

3　デジタル地図を触る ── 81

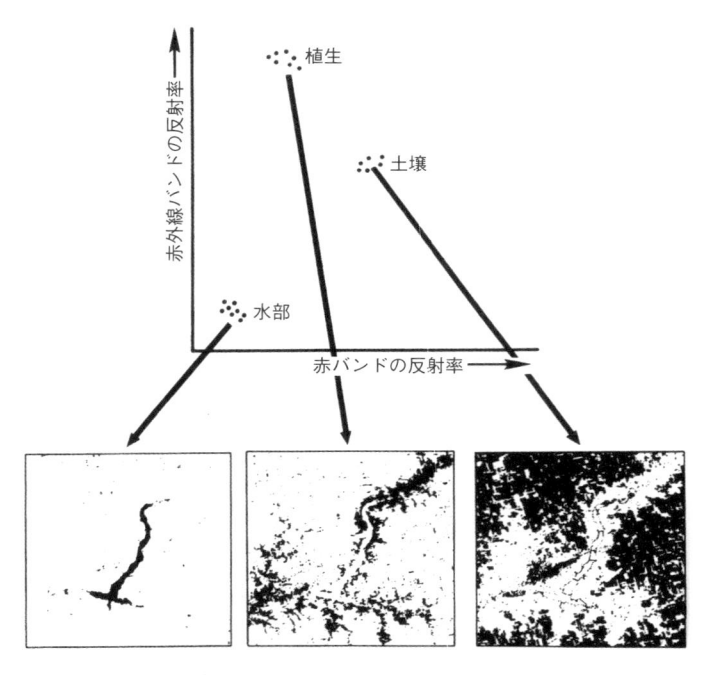

図 3-11 衛星画像による土地利用の判別（グールド（1994）より転載）

　こうした衛星画像は，冷戦構造が崩壊して，一般に流出し，軍事目的から民間利用へと展開した（もちろん，軍事目的での衛星がどの程度高性能なのかはベールに包まれている）。ソ連の軍部から流れた北朝鮮ピョンヤンの鮮明な画像は衝撃的であったし，現在では，前述の Google Maps でも背景図として採用されている Digital Globe のように解像度が 60 cm の衛星画像も現れた。衛星画像が空中写真に取って代わる時代も近いかもしれない。

3　デジタル地図の光と影

　そもそもデジタル地図の出現は，膨大な量の紙地図を用いて配管や配線を管理していたガスや電力会社などが，作業効率化のために，1970年代にデジタル地図の作成とデジタル地図による施設管理を始めたことによる。それらはAM／FM（Automated Mapping/Facility Management）とよばれ，GISの草創期における先進的な活用事例の1つである。

　例えば，京阪神大都市圏を網羅するガス管の総延長距離は5万4千キロで，地球を約1.4周する長さにまで達している。この気の遠くなるようなガス管の管理を，昔はすべて500分の1の大縮尺の紙地図，約2万1千枚で管理していた。大阪ガスでは，1980年代の中頃に，これらの配管図をすべてデジタル化し，設備管理の効率化を行なった。

　また，デジタル地図の作成を促したもう1つの要因は，印刷・出版技術のIT化とも関わっている。本や雑誌のデジタル化はグーテンベルク以来の出版界の革新として，出版物の流通を大きく変貌させた。例えば，最近の学術雑誌はインターネットを介してオンラインで入手可能であり，検索と現物の入手が革命的に便利になった。また，過去の図書のデジタル化に関しても，英米の世界トップクラスの大学図書館などとGoogleが共同で，膨大な数の蔵書をデジタル化し，オンラインで無料閲覧できるようにするシステム（グローバル・バーチャル・ライ

ブラリー）が計画されている。デジタル地図も同様に，インターネットを介して流通する時代が到来しているのである。

　日本の正式な地形図を発行している国土地理院はもちろん，道路地図などを作成している民間の地図会社も，これまでは地図の版下を毎回作成し，地図の印刷を行なってきた。一般的に，地図は他の情報と同様に，新しいもの，最新のものが要求される。従来，紙地図を作成あるいは更新するには，空中写真による修正，現地調査などを経て，少なくとも数年以上かかっていた。デジタル地図であれば，変更箇所をパソコン上で修正するだけで，大幅な簡略化と作成時間の短縮となる。インターネットでデジタル地図を配信することよりも，地図作成の経費削減という観点から，IT化は不可欠であったのである。そして，国土地理院の発行する地形図も，1990年代に入り，各地方建設局において，高解像度のラスタ・データとして管理されるようになった。

　現在のような官民によるデジタル地図の普及の到来は，数年前までは想像もつかなかった。2010年には6兆円産業になるともいわれるGIS産業の活況は，まだまだ不十分とはいえ政府やGIS業界の努力があったからこそのことといえる。

● デジタル地図の流通革命

　現在，全世界で30％の最大シェアを誇る代表的なGISソフトArcGISのデジタル地図データはShape形式とよばれる独自のファイル形式が用いられている。GISが開発された当初は，

コンピュータのスピードやメモリ，外部記憶装置であるハードディスクの容量が少なかったこともあり，とかく大きくなる地図データをいかに圧縮するかが，GISソフトに課せられた課題であった。その結果，各GISソフト会社は，機密性をもった独自のデジタル地図のファイル形式を考案し，利用者の固定化を図ることになる。あるGISソフトで作成されたデジタル地図は，他のGISソフトですぐに利用できる環境ではなかったのである。

　そのためデータの変換作業が1つのビジネスとして成り立っていたし，デジタル地図を用いる研究者は，そうしたデータ変換を独自に行なうためにプログラミング能力を必要とした。その後，GISソフト側も，バージョンアップを重ねるごとに，異なるファイル形式のデジタル地図を入出力できるコマンドを実装したり，変換ツールを提供したりするようになった。そしてデジタル地図の流通も，メディアがFDからCDさらにはDVDへと大容量化するとともに，ブローバンド時代に入り，インターネット上で流通するようになった。

　こうした状況をみこして，1990年代中ごろから政府は，デジタル地図の流通を円滑化させるために，GISの地図データの標準化を推進してきた。国際的に地理情報標準が定められているが，国土地理院から提供される数値地図などもこの地理情報標準に準拠した形式となっている。そして最近のデジタル地図の多くもこの地理情報標準に準拠してデータが提供されている。

● 続出する著作権問題

　ますます便利となるデジタル地図であるが，デジタル・データであるがためのさまざまな問題が生じる。まず，デジタル地図情報の著作権に関する問題がある。一般的に，著作権は，人格的な利益を保護する「著作人格者権」と，財産的な利益を保護する「著作権」の2つに分かれる。「著作人格者権」は著作者だけがもつ権利で，譲渡・相続はできない。一方，財産的な利益を保護する「著作権」は他の財産権と同様に，その一部または全部を譲渡したり相続したりすることができる。それゆえ，民間の地図会社が作成したデジタル地図は，購入して利用することができるが，許可なくして，そのすべてあるいは一部を複写して他に譲渡したり，販売したりしてはいけない。

　デジタル地図は，作成に膨大な費用がかかることから，当初は極めて高価なものであった。しかし，ベンチャー企業などの参入による競争の激化や，デジタル地図の作成を賃金の安い海外で行なうなどの経費削減の結果，デジタル地図の価格は下落した。それでも，住宅地図などのデジタル地図を購入する場合は，1コンピュータに1ライセンスが基本であり，インターネット上に置く場合などは，同時アクセス数などで価格が上乗せされるのが一般的である。

　前述したように，住宅地図の最大手ゼンリンは，自社のデジタル地図を複写し販売したとして，同業者の iPC などを裁判に訴えていた（2005年3月に和解）。さらに，デジタル地図の作成方法に関しても特許侵害の論争が繰り広げられている。6兆

円といわれるデジタル地図産業の光と影である。

● 個人情報をどう保護するか

さらに，デジタル地図には著作権のほかに，個人情報保護の問題がある。特に，国や地方自治体が作成する地理情報には，個人情報保護と情報公開促進の相反する2つの方向がみえ隠れする。

そもそも，国や地方自治体におけるデジタル地図の作成には，経費削減と住民サービスの向上の問題が加わる。現在，統合型GISを導入する地方自治体が増加し，国と同様にデジタル地図やさまざまな地理情報をWeb上で公開する地方自治体も増えつつある。個人情報の保護に関しては，2005年4月施行の国の個人情報保護法よりも，地方自治体の個人情報保護条例の方が厳しかった。例えば，ある自治体では2500分の1の都市計画図の家屋形状が個人情報に相当するといった意見までみられた。個人情報保護法におけるデジタル地図の論点は，個人情報を含むデジタル地図の規制はもちろんであるが，それが他のデジタル地図と重ね合わせられることによって，個人情報が特定されてしまう可能性があることへの問題である。紙地図ではあまり想定されなかった問題が，デジタル地図で生じてしまうのである。

しかし，一方で，税金で作成されたデジタル地図が国民や住民に還元されないのはおかしい。現に，国や自治体が作成したデジタル地図や地理情報の中にはインターネットを介して無償で提供されているものもあり，GISがより身近に生活の中に浸

透しはじめている。

　デジタル地図をめぐる個人情報と情報公開の関係も，近年大きく変化している。欧米では，犯罪に関する情報は位置情報とともに公開されている。しかし，日本では，犯罪発生地点の情報は，被害者の個人情報保護や，地域住民や当該地域に与える影響が予測できないという理由などから公開されてこなかった。欧米では，逆に，当局がリスクの高い地域であることを知らさなかったことのほうが問題とされる。警視庁や京都府警などは，近年，かなり詳細な犯罪マップをWeb上などで公開しはじめた（図3-12）。

　こうしたリスクに関わる情報公開の可否は，阪神・淡路大震災のときに有名となった「活断層」の位置情報にも似たものがある。1980年代に『日本の活断層』（東京大学出版会）が出版された。20万分の1地勢図をベースに活断層の線が引かれた地図集であった。当時は，活断層が通る場所が特定できないように小縮尺の地図でぼかして描かれていたのである。活断層の上に位置する場所の経済的価値の低下を懸念したためであろう。しかし，現在では，逆に，自分の住む地域に発見された活断層がどこを通っているのかを知ることは，自分の命を守るために必要な情報であり，デジタル地図（中田・今泉編 2002）として公開されている（図3-13）。

　米国カリフォルニア州では，1971年の地震で活断層真上の被害が問題になった。その結果，「活断層法」を制定し，約500あるといわれる活断層の約150m以内で開発を行なう場合，詳

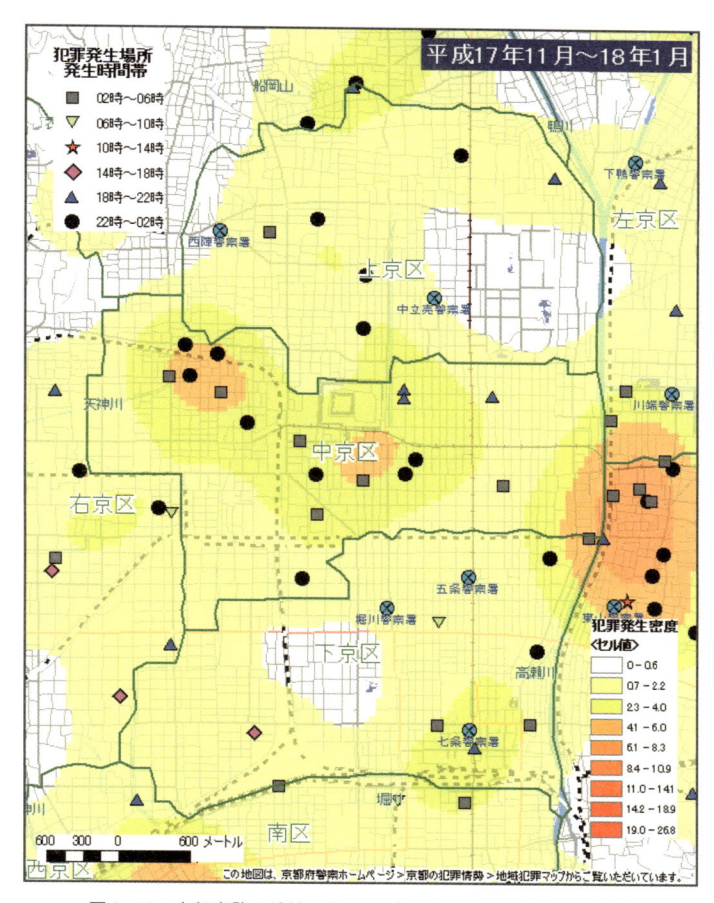

図 3-12 京都府警の地域犯罪マップ（中京区ひったくりの事例）
（出典）http://www.pref.kyoto.jp/fukei/hanjou/index.html

3 デジタル地図を触る —— 89

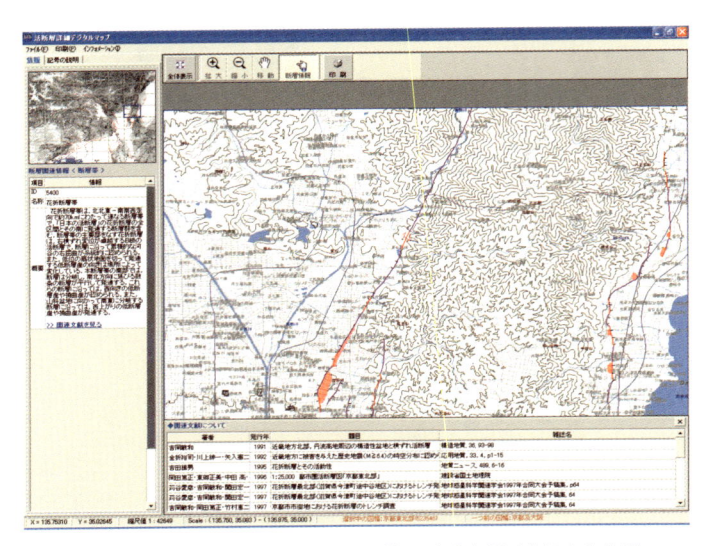

図3-13 『活断層詳細デジタルマップ』の出力事例（京都市東北部）
中央の赤い線は花折断層

しい調査を義務づけ，約 15 m 以内には新築を禁止している。
　日本の活断層地図をみると，どこで地震が起こっても驚かないが，未だ発見されていない多くの活断層の存在は，いわゆる地震の空白地帯での大地震の発生にも警鐘を鳴らしている。

4 デジタル地図を4次元化する
——京都バーチャル時・空間の構築

　2005年春先のニュースによると，京都に入洛する観光客数は増加傾向にあり，2004年には，過去最大であった2003年の4,374万人を越え，4,500万人を上回ったと報道された。米国同時多発テロやイラク戦争による海外旅行の停滞によるものか，あるいはJR東海の「そうだ 京都，行こう」のキャンペーンやNHK大河ドラマ「新選組！」による観光ピーアールが効を奏したのであろうか。中高年女性層が6割以上を占めるというが，確かに，紅葉シーズンの週末は，京都の街中は身動きができないほどの人出となる。いずれにせよ，「日本人の心のふるさと」である京都の景観を求めて国内外から多くの人々が京都に訪れるのである。

　「山紫水明」のたとえどおり，京都は，東山，北山，西山の三山に囲まれ，北東に比叡山を望み，そして，鴨川と桂川をはじめ清流が市内を流れる。京都の山は，春の桜，夏の濃い緑，秋の紅葉，そして，冬の雪化粧と，四季折々の姿をみせ，鴨川の川辺は，繁華街にあって，贅沢なオープンスペースを提供する。このような京都の自然景観や季節感は日本人の原風景をかたち

つくってきたといえる。多くの入洛者は，神社や寺院をまわり，京町家が軒を連ねる街中を散策し，京料理を食して，京都の四季を満喫する。

　京都では，長年にわたって景観に関する議論が繰り広げられてきた。戦後では，京都タワー，京都ホテル，京都駅ビルといった近代的な高層建築物が建設されるたびに，京都にふさわしい景観とは何か，経済活性化と景観保全の両立，などが議論され，文化や人の心にまで及ぶ景観論争が尽きることはない。

　筆者は，こうした京都の町並み景観を，最先端のGIS技術を活用して，コンピュータ上に構築し，さまざまな形で活用できないかと考えた。コンピュータ上のバーチャルな空間の利点は，現実に存在しない景観をシミュレーションできるだけでなく，その景観を視覚的に共有できる点にある。

　この章では，現在，立命館大学地理学教室が取り組んでいる歴史都市京都の時・空間を丸ごとデジタル地図で表現しようとする，京都バーチャル時・空間の研究プロジェクトを紹介する。

　立命館大学では，1998年に，アート研究を基礎に据え，京都の芸術・文化を重視し，21世紀に繋げる映像芸術研究の拠点を形成するためにアート・リサーチセンターを設置した。2002年秋に採択された立命館大学21世紀COEプログラム「京都アート・エンタテインメント創成研究」(2002〜2006年度)では，このアート・リサーチセンターの理念を，最先端の情報技術と人文科学の学問的蓄積を融合させ，さらに発展させようとした（21世紀COEプログラムとは，文部科学省が，国際競争

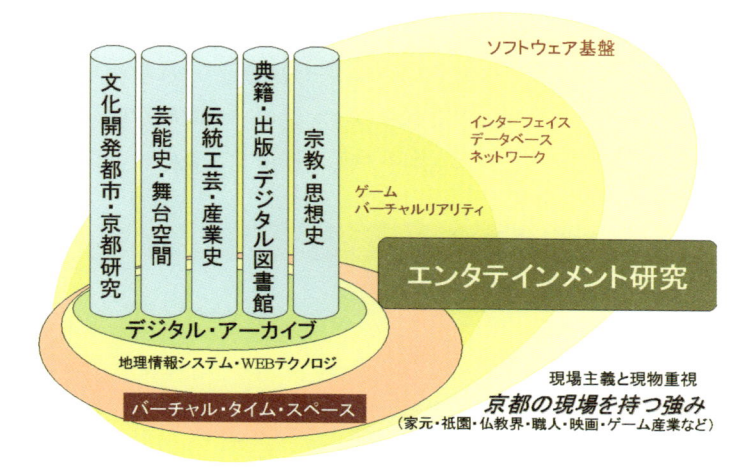

図4-1 「京都アート・エンタテインメント創成研究」
（立命館大学21世紀COEプログラム）

力のある大学づくりを推進するために，2002年度から実施しているもので，これは第三者評価に基づいた研究費配分により行なわれている）。

　具体的には，デジタル・アーカイブ化した京都のさまざまな芸能コンテンツを，インターネットを介して国内外に発信しようとするものである。このCOEプログラムには，日本文学，日本史学，地理学などの人文科学と，情報理工学などの情報科学の研究グループなど合わせて30近いプロジェクトが立ち上げられている（図4-1）。その中で，われわれ地理学のグループは，さまざまなデジタル・コンテンツを配置するための，器としての京都バーチャル時・空間の構築を担うことになった。デジタル・アーカイブ化されたコンテンツの多くは，位置情報

と同時に時間情報を保持している。その結果，われわれの京都バーチャル時・空間上にそれらのコンテンツを配置し重ね合わせることによって，新たな知の発見が期待できるのである。

1 バーチャル空間

　紙・デジタルにかかわらず，一般的に地図は3次元の現実空間を2次元で表現したモデルである。それゆえ，2次元の地図から3次元空間を頭の中で思い浮かべるには，そのための技術が要求される。しかし，近年では3次元の現実空間をありのままの姿で精確に表現するための「3次元 GIS」が注目されるようになった。広域的な3次元 GIS データを構築するための技術が開発され，それを表示するためのソフト開発も進んできた（『測量』編集委員会・「電子国土」編集小委員会 2003）。

　なお，「バーチャル空間（仮想空間）」あるいは「サイバー・スペース」という言葉に関連して，「バーチャル・シティ」，「デジタル・シティ」など多くの類似した用語がある（西尾ほか 1999）。ここでは，「バーチャル空間」を，「存在するあるいは存在していた現実空間をコンピュータ上に再現した都市空間」と限定的に定義する。

　そもそもバーチャル（virtual）とは，「実物ではないがその本質を備えたもの」をさし，バーチャル空間の視覚化は「本質的に存在している」が「みえないもの」を「リアルにみせる」，あるいは，「本来みえるもの」を「仮想的に」「リアルにつくりだ

す」ことを意味する。その結果，空間的知識の増大，空間的分析の革新，視点の拡大と共有が可能となる。

「バーチャル・シティ」という言葉は，近年，インターネット上で広く用いられているが，Dodge et al. (1997) は，それを以下の4つのカテゴリーに分けている。

1 都市のさまざまな情報をリスト化し，リンクをはったもの── Web Listing Virtual Cities
2 模式的な地図上に，より詳細なオンライン情報へのグラフィカルなインターフェイスとして，ランドマークや建物などを配したもの── Flat Virtual Cities
3 精度や現実感の差はあるものの，VR技術を用いて都市の建物などの3次元モデル化を行なったもの── 3D Virtual Cities
4 十分に現実的な建物を含み，多様なサービス，機能，情報コンテンツをもって，ウォーク・スルーなどを可能にする現実の都市を効果的にデジタル化したもので，そこでは他者との社会的な相互作用をも可能とするもの── True Virtual Cities

京都バーチャル時・空間では，2を基礎としながら，3のバーチャル・シティを構築し，最終的には，4を目指すものである。

また，3次元のバーチャル・シティ（3次元都市モデル）の構

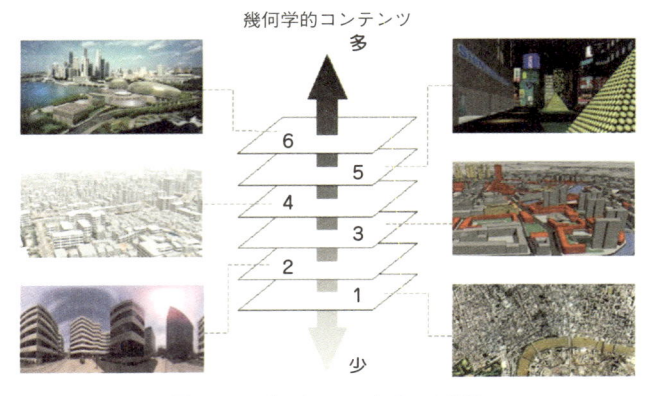

図 4-2 バーチャル・シティの段階
(Shiode (2001) より転載)

築に関しては，現実性（コンテンツの量），入力データのタイプ（高さと外見情報の取得），機能性（実用性と分析的特性）の3つの視点が重要である．特に，現実性の度合いは，バーチャル・シティの中に取り込まれた幾何学的コンテンツの詳細さの度合いともいえる．幾何学的な詳細さの違いによって，Shiode (2001) は，6つの段階分けを行なっている（図 4-2）．

1 空中写真などを補正したもので，3次元的特性はもたない（2次元地図とデジタル・オルソ化）
2 パノラマ・イメージのモデリングによる，擬似的3次元モデルで，自由に視点を移動できない
3 2次元 GIS の家屋形状に基づく，3次元ブロック形状モデル
4 3に，建物の側面のイメージをテクスチャ・マッピングしたもの
5 建物の詳細や屋根形状を盛り込んだ3次元モデル

6 個々の建物のCADデータと空中写真を結合させた3次元モデル

　これらの段階は，基本的に，段階があがるほど，幾何学的なコンテンツ情報が多くなり，データ作成の自動化が難しく，コストも大きくなる．

　ここでは，京都市域全域を対象として，可能な限り2次元GIS上での地理情報を収集し，まずは，3に対応する現在の京都のバーチャル・シティを構築する．さらに，必要に応じて，特定の建物に関してテクスチャ・マッピングや詳細な作りこみを行なった3次元VRモデルを取り入れ，**4**，**5**，**6** の段階に対応するモデルを配置したシステムを構築する．

2　現在の京都の景観要素の2次元GIS

　京都は幸いにも第2次世界大戦の戦災による被害が最小限であったために，戦前からの神社・寺院をはじめ，京町家や近代建築などの建築物が現在でも多数残っている．それゆえ，まずは，現在の京都の町並みを精確にバーチャル空間に再現し，過去に遡るアプローチを取ることにする．

　京都のバーチャル空間を構築するためには，現在の京都の町並み景観を構成する重要なコンテンツを特定し，その2次元GISを整備する必要がある．具体的には，マンションやオフィスなどの中高層建築物，神社・寺院，京町家，近代建築，など

の精確な空間上での位置と形状を特定する。

● **建築物**

　都市域レベルでの都市景観を対象とするバーチャル・シティの構築のためのデジタル地図としては，1軒ごとの建築物の家屋形状が特定できる精度のものが必要である。京都市域の家屋形状をすべてベクタ・データ（ポリゴン）として含む既存のデジタル地図には，「京都市都市計画図」のデジタルマップ（京都市DM），前述のゼンリン「Zmap-TOWN II」や「iPC住宅地図」などがある。

　いずれも2500分の1精度のものであり，家屋形状以外に，街区のベクタ・データを含む。しかしながら，作成主体が異なることから，これら3つのデジタル地図の家屋形状ポリゴンは精確には一致していない（図4-3）。とはいえ，家屋の属性としては，いずれのデジタル地図も，公共建物か否かや建物構造の種類は区別できる。

　なお，前述のように「Zmap-TOWN II」は，一般建物の名称も含んでいる。また，建築物の高さに関しては，「Zmap-TOWN II」では建物階数を，「iPC住宅地図」では，後述の3次元部分データであるMAP CUBEからのレーザー計測された高さデータを用いることができる。

　京都バーチャル時・空間は，3次元GISとしてMAP CUBEを用いるが，そのデータが「iPC住宅地図」をベースとしていることから，最終的には，全ての家屋属性を「iPC住宅地図」に

Zmap TOWN Ⅱ
・建物属性が整備
・敷地面に近い

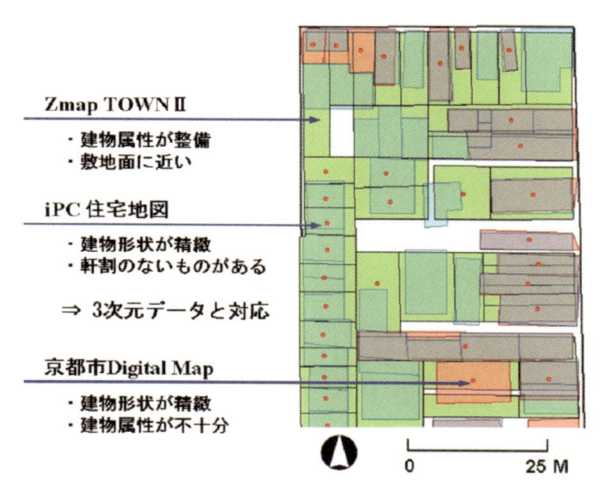

iPC 住宅地図
・建物形状が精緻
・軒割のないものがある
⇒ 3次元データと対応

京都市 Digital Map
・建物形状が精緻
・建物属性が不十分

図4-3　京都市のデジタル住宅地図の比較

統合する必要がある．しかし，それぞれのデジタル住宅地図のもつ多様な属性データの利用を考えれば，ポリゴン・データから点データへの変換や，ポイント・イン・ポリゴン（ポリゴン・データに含まれる点データの属性を当該ポリゴン・データに与える方法）による空間検索などにより，いずれのデジタル住宅地図で作成されたものであっても，それらに含まれる属性データは相互に利用することが可能である．その結果，一般住宅，神社・寺院，公共建物，3階建て以上の中高層建築物，などの現在の建築物や街区面などの精確な2次元GISを整備することができる（図4-4）．

● **神社・寺院**

1711年の京都の地誌『山州名跡志』には，千を越える神社・

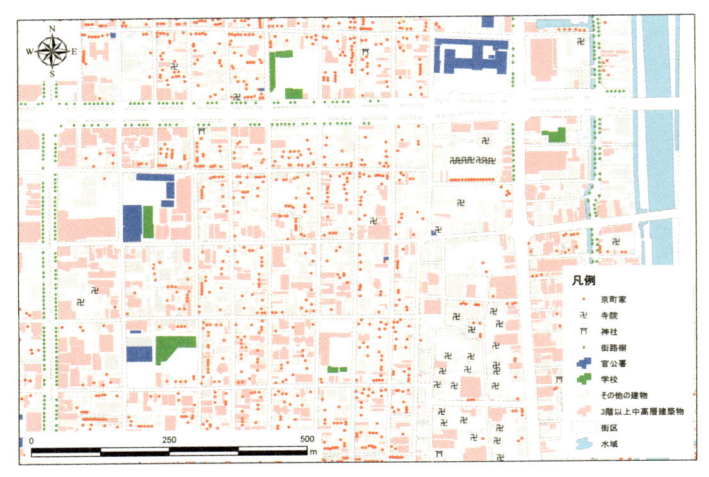

図4-4　合成された京都市の現在の建築物

寺院が記載されている。応仁の乱（1467年）の大火以降としては，1788年の天明の大火があるが，鴨川の東岸の宮川町から火の手があがり，鴨川の西岸にも飛び火し，強風にあおられて，その被害は当時の市街全域におよび，約3万7千の家屋，201の寺院，37の神社が消失したといわれている（森谷 1979）。

　ここでは，現存する神社・寺院をMAP CUBE上で特定するために，それらの正確な位置と名称に関する情報を収集する必要がある。既存のデジタル地図では，「数値地図10000（総合）」やゼンリンの「Zmap-TOWN II」などで神社・寺院を識別することができる。このほか，インターネットタウンページ（http://itp.ne.jp/）で，神社（179件），寺院（1,646件）を検索し，その住所からアドレスマッチングを行なう方法も考えられる。

　「数値地図10000（総合）」は，点データとして，「神社」，「寺

院」を含んでおり，それらを用いて GIS 上で表示することができる。また，ゼンリンの「Zmap-TOWN II」の場合は，表札名から判断して，神社や寺院を識別することもできる。この他，「数値地図 25000（地名・公共施設）」では，注記のある神社・寺院に関して特定できるものの，それらは比較的規模の大きなものに限定される。そこで，ここでは，京都市域にかかる「数値地図 10000（総合）」（7 図郭）の神社（352）と寺院（1,308）を用いて，「iPC 住宅地図」と重ね合わせ，神社・寺院を特定することにする（図 4 – 5）。

● 京町家

京町家は平安時代中期にその起源をもつが，瓦屋根などに象徴される今日の京都都心部の町並みを構成する京町家の原型は，江戸時代の中期に形成されたといわれる（高橋 2001）。その後も少しずつ変化を繰り返し，大正末期から昭和初期に建築されたものがその最後の様式であるとされる（京町家作事組 2002）。

そして，今日まで，京町家は地域の資源として大切に受け継がれ，京町家の保全・再生を支援する市民活動は，近年ますます活発になっている。そうした京町家への関心の高まりの中で，京町家の現状や実態を正確に把握することが急務となっている。

1998 年度に，京都市は市民から延べ 600 人もの調査ボランティアを募り，「京町家まちづくり調査」を大規模に実施した。この調査は，都心部を対象に京町家の外観調査と住民へのアンケート調査を行なった 1995, 96 年度市民調査「木の文化都市：

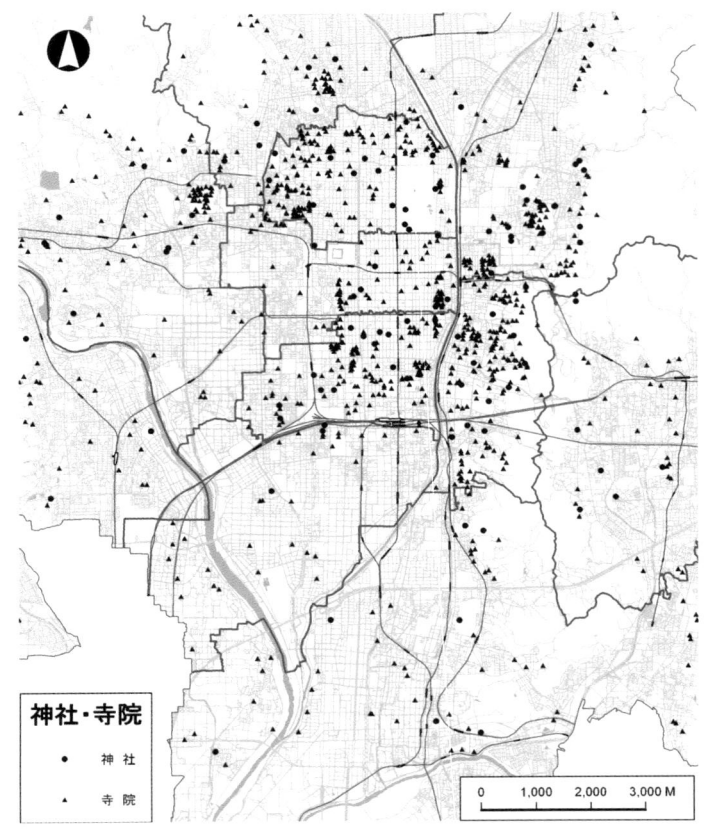

図4-5　神社・寺院の空間的分布

京都の伝統的都市居住の作法と様式に関する研究」(トヨタ財団助成金による調査)を基礎として,調査地域を拡大したものである。これら2つの調査結果から,都心四区(上京区・中京区・下京区・東山区)で,明治後期に市街化していた元学区に含まれる範囲には,約28,000軒の京町家が残存していることが確

認された(これらの調査を第Ⅰ期調査とよぶ)(京都市 1999)。

これらの外観調査では,建物類型,保存状態,建物状態などが悉皆調査され,その正確な位置が把握された。しかしながら,これらの大規模かつ貴重な調査データは,当時のGIS環境の技術的問題に加え,個人情報保護の観点からも,正確に1軒1軒をGIS化し,データベースを作成して,それを維持・管理していく計画はなかった。そこで,本研究プロジェクトは,かかる既存の京町家調査のデータをGIS化し,第Ⅰ期調査のデータベースの不備を可能な限り修正した。

建物類型では,2階の天井が1階並みにあり,窓はガラス窓で,明治後期から昭和初期にはやった**総二階**が全体の約半分を占め,2階の天井が低く虫籠窓がある江戸時代から明治時代に建てられた**中二階**が約20％みられる。また,錦市場などの商店街に多い,ファサードを近代的に施した**看板建築**が15％弱みられる(図4-6)。また調査では,大戸,木格子戸,虫籠窓,木枠ガラス窓,土塀,格子などの意匠の保存状況や,「そのまま今後も使えそう」「今後修理が必要」「今すぐ修理が必要」といった建物状態などの外観調査がなされており,そうした状況の空間的分布を明らかにすることができる(図4-7)。

戦前に建てられた京町家の空間的分布を示すGISデータは,過去の京都の景観復原に欠かせないデータベースとなりうるが,本研究で用いる3次元GISのMAP CUBEとは年次的なずれが生じている。そこで,2003年度から,私たちは,(特非)京町家再生研究会,京都市都市計画局都市づくり推進課,(財)京都

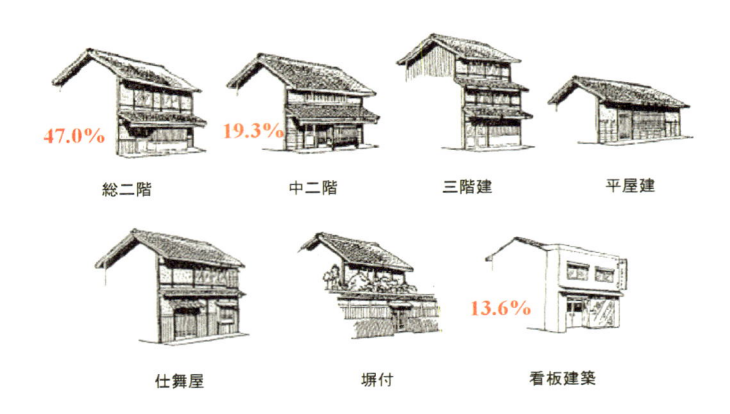

総二階 47.0%　中二階 19.3%　三階建　平屋建

仕舞屋　塀付　看板建築 13.6%

図4-6　京町家の建物類型
(京町家作事組 (2002) より転載)

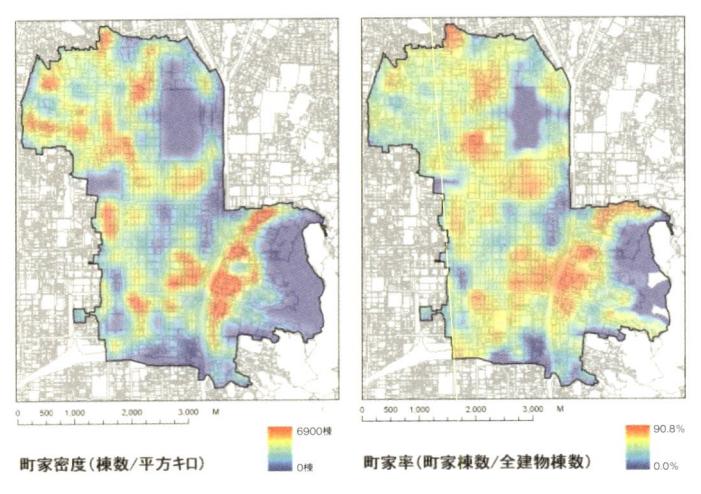

町家密度(棟数/平方キロ)　6900棟〜0棟

町家率(町家棟数/全建物棟数)　90.8%〜0.0%

図4-7　京町家の空間的分布

市景観・まちづくりセンターなどと密接な連携をとりながら，第Ⅰ期京町家調査から5〜7年を経過した追跡調査を2003年夏から開始した（第Ⅱ期調査とよぶ）。

そこでは，第Ⅰ期調査の復原GISデータを基礎として，再度，外観調査を行ない，京町家の存在の有無，保存状態，建物状態，空き家か否か，事業活用，などを再調査し，京町家が消失した場合は，現在の用途をデータベース化した。さらに，第Ⅰ期調査では確認されなかった新発見町家もあわせて調査した。

このように構築された京町家モニタリング・システムのデータベースからは，現存する京町家の1軒ごとの位置情報に加え，建物類型，建物状態，保存状態などの外観調査による属性が含まれているほか，第Ⅰ期調査（1995・96・98年度）から第Ⅱ期調査（2003・04年度）への変化の情報（京町家の存続や，他の建築物への変化など）が把握されている（図4-8）。

京町家は，祇園地区や西陣地区に高密度の地域が散見されるが，この5年間に約13〜16％もの京町家が消滅している。その多くは住居に変更しており，老朽化によって建て替えが進行しているものといえる。

● 近代建築

明治開国以降の近代化の中で，西洋様式を取り入れて戦前までに建設された建築物や構造物は一般に「近代建築」とよばれる。京都市内には，全国の市町村で最も多く近代建築物が残っており，最近の京都市の調査によると，その数は2千にものぼ

るという。また，明治から戦前にかけて建てられた文化財としての建築物である京都市内の近代化遺産については，日本建築学会が1980年に全国調査し，『日本近代建築総覧』に約570件

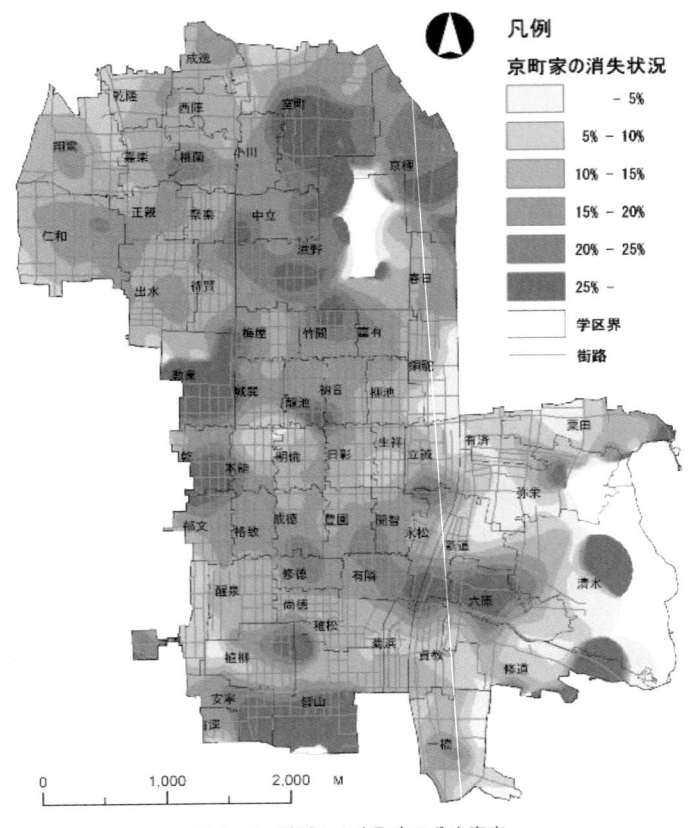

図4-8　消滅した京町家の分布密度

収録されている。

　京都市は，1985年に寺町通りから室町通りまで東西に伸びる825 mの三条通りを「歴史的界隈景観地区」に指定し，さら

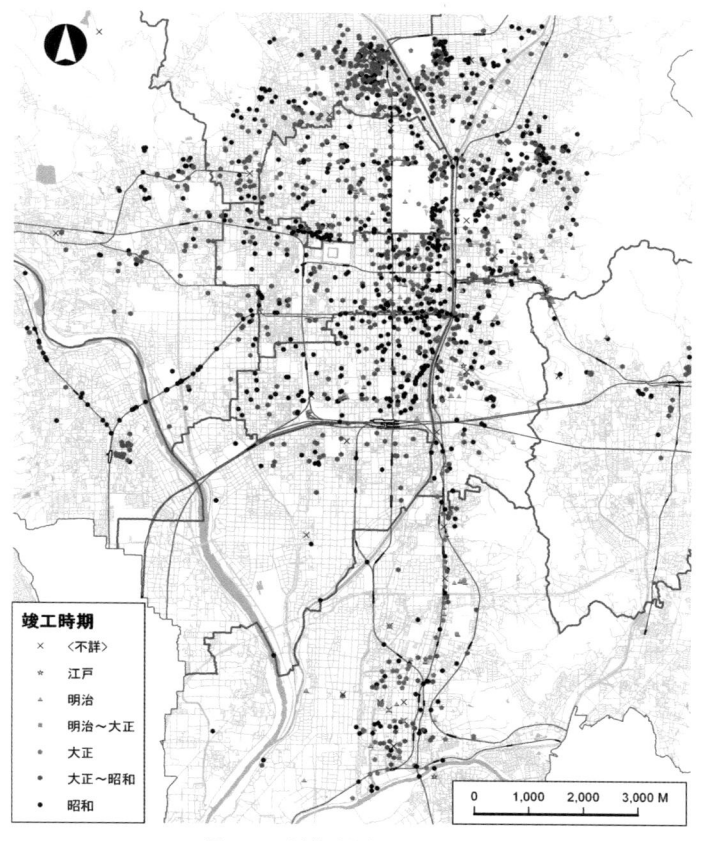

図4-9　近代建築物の空間的分布

に1995年には,「良好な都市環境の形成及び保全に資するとともに,当該景観を将来の世代に継承する」ことを目的として,「界隈景観整備地区」に指定した。その結果,現在の三条通りには,赤レンガ建築の中京郵便局（1876年）,日銀京都支店（1906年）だったレンガ建築の京都文化博物館,築100年になる洋館の京都象嵌（ぞうがん）や,築80年になる旧・毎日新聞京都支社（1928年）などが建ち並び,往時の活況を偲ばせる。

最近では,都心部烏丸通り沿いの第一勧業銀行京都支店や東京三菱銀行京都支店の近代建築の取り壊し計画が報道され,市民運動に発展している。町並み景観をいかにうまく保全・活用するかは歴史都市京都の重要な使命ともいえる。

これらの近代建築の位置情報も,それらの建物名称や住所から,ゼンリンのデジタル住宅地図上に特定し,近代建築物のGISデータベースを構築した（図4-9）。

3 2次元GISから3次元GISへ

3次元の地図は,2次元の地図と異なって,地形の起伏や建築物の形状などをモデル化しなくてはならない。家屋形状は,2次元のデジタル地図上ならば多角形として特定されるが,3次元GIS上では,高さを含めた3次元の立体として表現される。鳥の眼となる広域的な都市域を対象とする3次元GISはどのように構築されるのか,そしてまた,3次元GISを通して,現実世界はどのように解釈されていくのかをみていくことにしたい。

● 3次元都市モデル

　現在の京都のバーチャル空間を構築する試みは，四条河原町周辺など一部の地域を対象とした「デジタル・シティ京都」(Ishida 2002) や，空中写真や衛星データを用いて簡易的に3次元的な表現をする「3次元観光マップ「スカイビュー京都」」(京都市 2002 http://www.city.kyoto.jp/koho/mayor/press/2002/0710.html) などが，試験的に試みられてきた。しかし，京都市域全体を対象とする広域的かつ本格的なバーチャル空間の構築は，高精度な3次元 GIS データの提供やそれを表示するソフトの開発がなされるまでは困難であった。

　このプロジェクトでは，3次元 GIS データとしては2002年時点で最も精度が高かった3次元都市データの MAP CUBE を用いることとした。MAP CUBE は，高精度なレーザー・プロファイラー・データおよび空中写真（(株)パスコ）と2次元ベクタ地図（iPC住宅地図）をベースに，精細3次元都市モデル生成システム（(株)キャドセンター）により作成された都市モデルである。そして，レーザー・プロファイラー（ライダ・データともよばれる）で取得した点群データの高さ誤差は±15 cm，水平間隔は1〜2.5 m ときわめて精度が高い（図4-10）。

　京都市域を対象とした MAP CUBE のデータは，2002年夏にセスナを飛ばし，レーザー・プロファイラーを用いて実測し，作成されたものである。京都盆地を取り囲む山間部の計測もあわせて行なわれており，京都のバーチャル・シティに不可欠な東山・北山・西山の三山も含まれている。このデータは，京都

図4-10　3次元都市モデル（MAP CUBE）

市域を250 m×250 mの区画（東西最長72メッシュ，南北最長88メッシュ）ごとに分割したデータとして提供され，建物部分と地表面部分の3次元VRモデルからなる。前者は，建物の3次元形状モデルに加え，屋上部分や側面の画像をテクスチャ・マッピングしたものであり（図4-11），後者は，地表面の3次元面に空中写真をテクスチャ・マッピングしたものである。なお，建物のテクスチャ・マッピングには，膨大な時間と費用がかかる。ここでは，以下に述べるように，白で色塗りされた3次元形状モデルを基礎として，必要に応じてテクスチャ・マッピングを施すこととした。

　なお，MAP CUBEのデータは，現在，ZMDという独自形式と，OBJ形式やVRML形式という代表的なCGのファイル形式で提供され，専用のビューア・ソフトであるUrban Viewerで

図4-11　建築物の3次元VRモデル

表示することができる。なお，3次元形状モデルの作成やテクスチャ・マッピングの作業は，OBJ形式を扱うことができるCG／VRソフト（form. Z, MultiGen Creator など）を用いて行なうことができる。

● **四条通りの3次元VR**

　京都市域の全ての建築物に対して，テクスチャ・マッピングを施した3次元VRモデルを構築することは難しい。そこで，重点的に現在から過去までをも視野に入れる場所として，京の古典芸能の中心であった祇園・四条通り界隈を精力的にモデル化した。そこでは，現地における1軒1軒のファサードをデジタルカメラで撮影し，1つ1つをテクスチャ・マッピングする。作成されたバーチャル空間は非常に精巧なものである（図4-12）。

図 4-12　四条通りの精巧な 3 次元 VR

　そこでは，四条通り沿いの商店街の歩道やアーケードなどを作りこみ，道路に関しても舗装を施し，四条大橋の欄干(らんかん)や鴨川の河川敷なども作成されている。こうしたバーチャル空間上で歩き回ることをウォーク・スルーとよぶが，建物の中までモデリングすれば，建物内にシームレスに足を踏み入れることができる。京都市全域のスケールから，四条通り界隈へ，そして，建物の中へと，現実空間と同様な，バーチャル空間が構築されることになる。

● 京町家の 3 次元 VR モデル

　京町家の VR モデルに関しては，設計図から 3 次元 CAD を用いて作成する方法や，現存する京町家をレーザー・スキャニングする方法などが考えられる。ここでは，典型的な京町家の建物類型である総二階，中二階，三階建，平屋建のそれぞれの特徴を有した簡易な 3 次元 VR モデルを作成した（仕舞屋などに

関してはテクスチャ・マッピングで区別した）（図4-13）。

　京町家モニタリング・システムで構築した2次元 GIS の地割位置に当該の京町家の建物類型を対応させて，京町家の3次元 VR モデルを自動発生させる「家屋 VR モデル作成プログラム」を開発した。このプログラムでは，代表的な GIS ソフトである ArcGIS のスクリプトを活用して，GIS データから，京町家の位置と形状ポリゴン（間口方向，間口幅，奥行き），そして建物類型の情報を取得し，一度に多数の京町家の3次元 VR モデルを

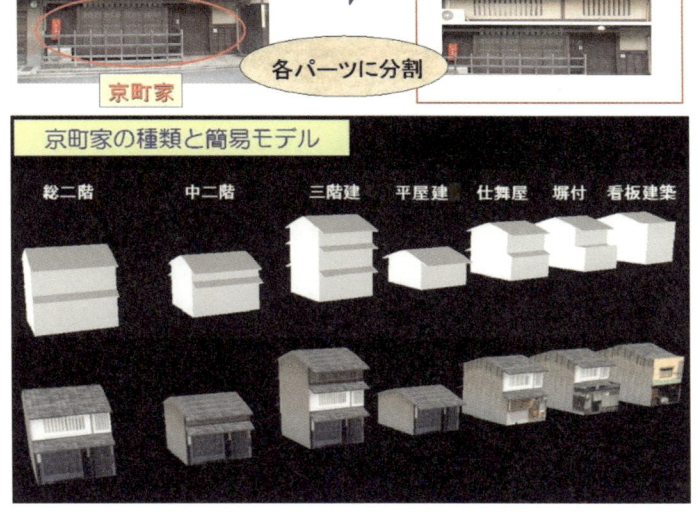

図4-13　京町家の3次元 VR

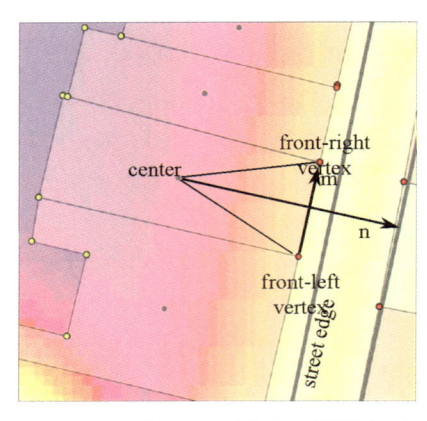

図4-14 京町家の自動発生のための2次元GIS

OBJ形式で出力することができる（図4-14）。

　マクロで自動的に京町家の3次元VRモデルを大量に作成することの利点は，現存する京町家はもちろん，過去の地割の推定と京町家の建物類型が分かれば，ある程度の町並みの景観を再現できる点にある。いいかえれば，複数のシナリオの下で，過去の町並みを容易に再現できるということにある。もっとも，ここで再現できるのは多数の建築物からなる「町並み」であって，個々の建築物についての厳密な復原ではないことは言うまでもない（図4-15）。

● 中高層建築物の3次元VRモデル

　現在の町並みに大きな影響を与えるものの1つに，オフィスビルやマンションなどの中高層建築物がある。1990年代に建

図4-15　京町家の町並みの復原

てられた高度60mの京都駅ビルや京都ホテル（現，京都ホテルオークラ）を除けば，京都市内の主要通りや都心部のいわゆる田の字地区内は31mの高度制限がかけられており（田の字地区の大通り沿いは45m），マンションでは11階程度のものとなる。

　中高層建築物の位置は，すでにデジタル住宅地図から2次元GISとして把握されており，各建物の高さも，階数もしくは実際の高さの情報も取得されている。また，マンションかオフィスビルかは，ゼンリンなどのデジタル住宅地図の一般家屋名称さらには別記情報などからほとんど判別することができる。

　それゆえ，中高層建築物の3次元VRモデルの作成に際しては，現実のオフィスビルやマンションの側面のデジタル写真画像を複数用意し，用途に合わせて，ランダムにそれらを形状モ

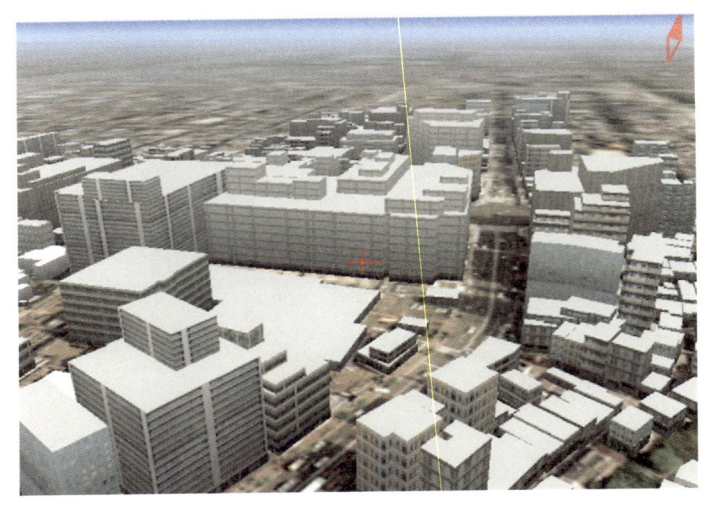

図4-16　中高層建築物の3次元VRモデル

デルに貼り付ける，擬似テクスチャ・マッピングを施した（図4-16）。そうすることによって，データ容量を縮小することが可能となるうえに，少なくとも遠めでみる限りにおいては，白色の3次元形状モデルよりはるかに現実性が向上する。

● 祇園祭の山鉾の3次元VRモデル

　京都の中心部で9世紀後半以降行なわれている神事として祇園祭がある。現在のような形態となったのは14世紀半ばで，何度かの中断を挟みながら，現在とほぼ同じ大きさの山鉾が京都の街中に置かれ巡行されてきた（足利 1994）。それゆえ，山鉾は，時代を通して京都の町並みを構成する重要なオブジェクトの1つであると考えることができる。

　山鉾の3次元VRモデルを作成する場合，3次元の形状モデリ

ングとテクスチャ・マッピングを分けて考える必要がある。3次元の形状モデリングに関しては，設計図などを用いて3次元CADで作成する方法や，レーザー・スキャニングを用いて，3次元形状を計測する方法などが考えられる。また，3次元形状を計測する場合も，祇園祭の最中に現物を計測する方法，祇園祭以外の時期あるいは鉾建・解体時に部材を計測する方法などが検討された。しかし，神事であるうえに，限られた時間に現物を計測することは現時点では困難と判断し，何基かある精巧な山鉾のミニチュアをレーザー・スキャニングする方法を採用した。そこで，7基の山鉾のミニチュア（縮尺13分の1）を所有する京都中央信用金庫の協力を得て，2003年8月1日に京都中央信用金庫本店において，函谷鉾と船鉾の2基について，レーザースキャナ（VIVID900）による計測を行なった。2～3mまでの小規模な対象に適したVIVID900は，0.6～2.5mの距離で計測ができ，精度は0.2～1.4mm，データ取得速度は30万ポイント／2.5秒の性能をもち，各計測ポイントに関して，x, y, z座標値とRGBデータを同時に取得できる。なお，今回のレーザー計測では，函谷鉾に関しては，頂点数1,014,720，ポリゴン数1,934,863，計測回数94回で，船鉾に関しては，頂点数643,029，ポリゴン数1,174,050，計測回数74回であった。

　一方，函谷鉾と船鉾のテクスチャのためのデジタル画像に関しては，祇園祭の期間中に行なった（2003年7月）。祇園祭において，山鉾の全体を撮影できるのは，7月10～13日の鉾建から，7月17日の巡行後の解体までに限られる。さらに，路上に

図 4-17　山鉾の 3 次元 VR モデル

設置されている間は，周りに柵が設けられ，多くの観光客に囲まれる。そのため，全体のデジタル画像を撮影するためには，鉾建後，飾り付けされた後に行なわれる曳初時と，巡行直前に限定される。そこでこれら 2 度の機会に，4 方向からと，近隣のビルの上層階からの撮影を行なった（函谷鉾と船鉾の 2 基の山鉾に対して，約 500 枚のデジタル画像を取得した）。

このように山鉾の VR モデルに関しては，レーザー・スキャニングから作成した 3 次元形状モデルをベースにして（必要な寸法などをこの形状モデルから測って），VR モデリングソフト（MultiGen Creator）でモデリングを行ない，祇園祭の期間中にデジタルカメラで現物を撮影したデジタル画像からテクスチャを作成し，マッピングを行なった（図 4-17）。

さらに，京都市文化財保護課による『祇園祭-山鉾実測』に

図4-18 バーチャル空間上の山鉾

は，現存するすべて山鉾の設計図（平面図，正面図など）が掲載されている。そこで，それら設計図から長刀鉾，北観音山など代表的な山鉾の3次元形状モデルを構築した。そして，2004年夏の祇園祭の折には，テクスチャ・マッピングのためのデジタル画像を取得するために，早朝からそれら山鉾の何千枚にも及ぶデジタル画像撮影を行なった。その結果を，現在では数基の山鉾をバーチャル時・空間上に配置することが可能となった（図4-18）。

4 過去の京都バーチャル空間

　現在の京都のバーチャル空間は，現在の京都市内のすべての

建築物を含む 3 次元都市モデル MAP CUBE をベースに，京町家，近代建築物などの重要な町並み景観の構成要素の 3 次元 VR モデルを付加することによって構築された。しかし，新しいビルやマンションに建て替わってしまった過去の建築物は，今ではもはやみることができない。そこで，以下に述べるように過去の地理情報を収集し，現在の地図に重ね合わせることによって，過去の町並みの景観復原を試みた。

● 旧版地形図

都市景観の変化に大きな影響を与えるものとして，道路の拡幅などによる街区形状の変化があげられる。明治期京都の「三大事業」（第二琵琶湖疏水建設，道路拡築・電気軌道，上水道）の1つである道路拡築・電気軌道は明治末から大正期の京都の町並み景観を大きく変えた。

街区形状の変化に関しては，旧版地形図などをベースとして，その変更を把握することができる。京都市域を測量した地図としては，2004 年 7 月に「山城」の伊能大図が発見されたが，近代測量によるものは仮製 2 万分の 1 地形図「京都」「伏見」（明治 22 年測量）が最も古い。その後，正式 2 万分の 1 地形図「京都南部」「京都北部」（明治 42 年測図），2 万 5 千分の 1 地形図「京都西南部」「京都東南部」「京都西北部」「京都東北部」（大正 11 年測図），1 万分の 1 地形図「京都南部」「京都北部」（昭和 13 年測量）などが作成された。

こうした地形図を，見比べたり，GIS 上で重ね合わせたりす

るだけでも，明治から戦前にかけての，街区の変更や市街地の拡大を確認することができる（図4-19, 20）。

現在のJR山陰線は仮製図ではみられないが，大正元年の正式2万分の1地形図では線路がみえる。山陰線は，民営鉄道会社の京都鉄道会社が明治30年2月に二条～嵯峨間を開業させたのがはじまりで，その年のうちに二条～大宮（現在は存在しない，明治9年にできた駅）間，大宮～京都（現在のJR京都駅）間を開通させた。現在のJR京都駅の山陰線のホームが北西の端にあるのは，私鉄の京都鉄道が京都まで開通させたときの名残である。

明治後期までの京都の西方への市街化は，この山陰線まで達しておらず，現在のJR二条駅周辺は京都の市街地の西のはずれで，当時はまだ田畑が広がっていた。そして，大正期に入り，その後急速に京都の市街地が拡大していくことになる。

● 過去の空中写真

旧版地形図は，縮尺が1万～2万5千分の1であり，家屋形状レベルの変化を識別できる大縮尺の地形図は存在しない。そこで，ここでは過去の空中写真を用いて，過去の景観復原を試みることにする。具体的な時間断面の設定としては，とりわけ京町家の消滅に焦点を当て，過去の空中写真や住宅地図など2次元GISデータを整備するための資料が得られる年次を対象とする。空中写真は民間の航測会社からも入手可能であるが，国土地理院からは，戦前の昭和10年頃の日本陸軍撮影のもの（た

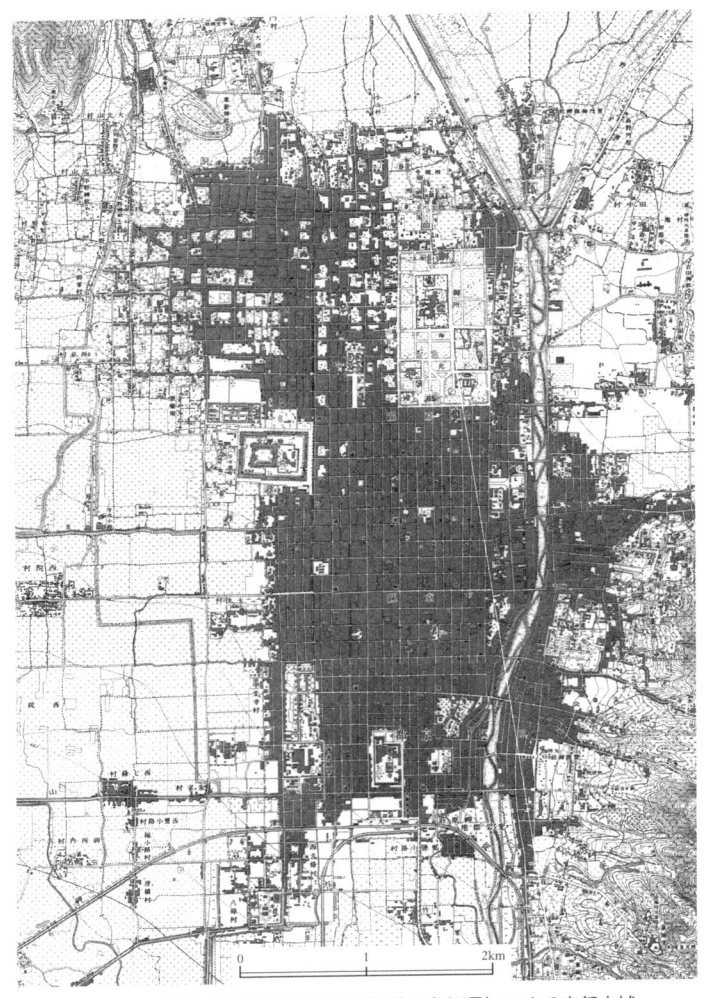

図4-19 仮製2万分の1地形図（明治22年測量）による京都市域

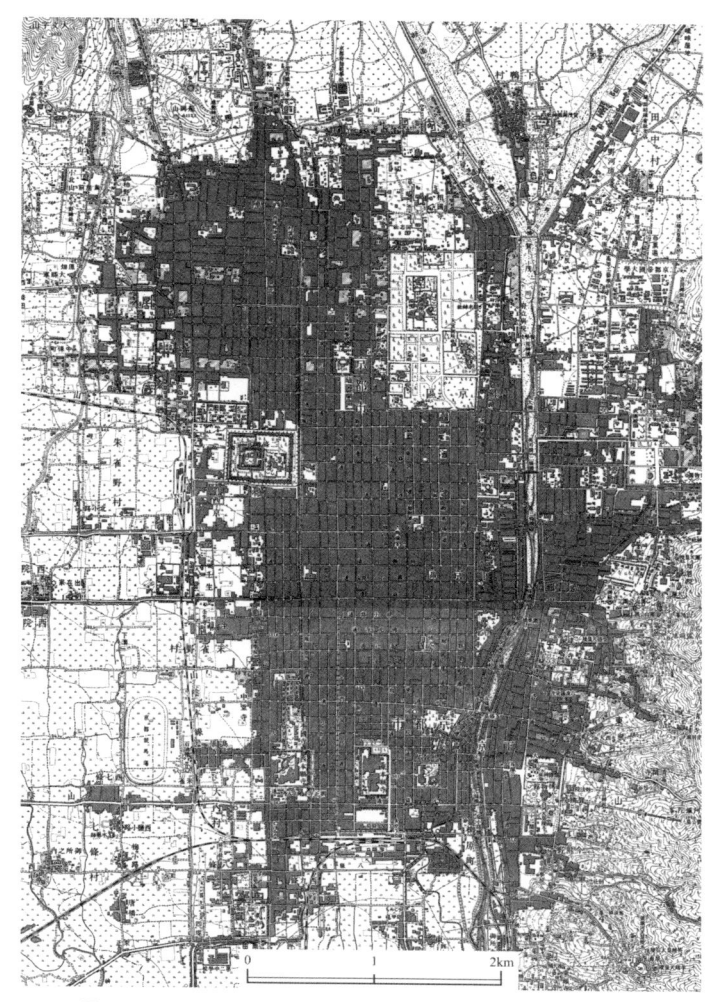

図4-20 正式2万分の1地形図（明治42年測図）による京都市域

4 デジタル地図を4次元化する —— 123

だし，京都市域のものはいまのところみられない）や，戦後の米軍撮影のものなど過去の空中写真を入手可能である。ここでは，2000（平成12）年，1987（昭和62）年，1974（昭和49）年，1961（昭和36）年，1948（昭和23）年に撮影された空中写真を用いる。

現在知られている，日本で最も古い広範囲の航空写真は，大正11（1922）年の香川県善通寺の軍隊施設を中心に撮影されたものであるといわれる。（大阪市教育委員会文化財ホームページよりhttp://www.city.osaka.jp/kyouiku/sikumi/bunkazai/bunkazai03_12_12.html）。京都市域に関しては，京都市が撮影した，1928（昭和3）年頃に撮影され空中写真（京都大学所蔵）が現存しており，これが最も古いものと考えられる。この写真を含め，おおむね13年間隔の6期の空中写真を用いて，京都の町並みの景観復原を試みる。

各年次の空中写真の判読からは，京町家特有の瓦屋根と平入りの特徴から，個々の京町家を特定することができる（図4-21）。具体的な作業としては，空中写真をデジタル画像化し，ArcGIS上でジオ・リファレンス機能を用いて「iPC住宅地図」と重ね合わせ，1軒1軒の京町家を特定した。その結果，戦後，高度経済成長期を経て，都心部において，大通り沿いから街区の内側へと，京町家が激減していく様子が明らかにされた（河角ほか 2004）（図4-22）。

都心部の50m幅員の御池通り，五条通り，堀川通りは戦時中の1944年から1945年にかけて，空襲時の対応として行なわ

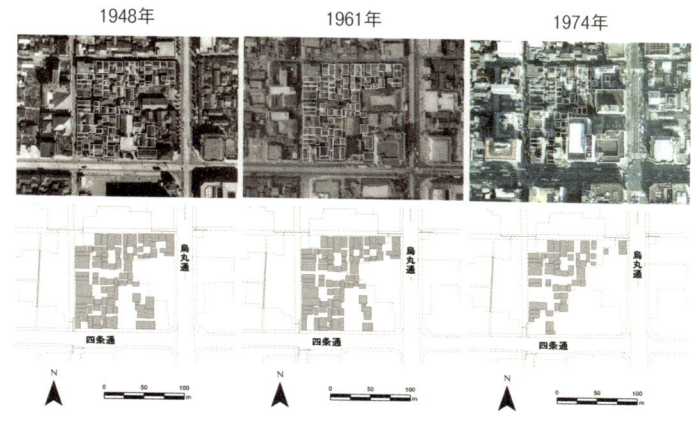

図 4-21　空中写真による京町家の判読
（河角ほか（2004）より転載）

れた建物強制疎開によって拡幅されたものである。

　1948（昭和 23）年の空中写真からは，戦後の生産再建整備事業前で，拡幅後の御池通りに取り残された建物が散見される。当時，御池通りの南側がセットバックされるが，当時の町家は綱を引いて解体されたとのことである。しかし，蔵などは簡単には取り壊すことができず，取り残されたものが，空中写真に残されていたらしい。

● 大正元年『京都地籍図』

　京都市域を対象とした最も古いと思われる 1928（昭和 3）年頃の空中写真以前の京町家の分布に関しては，精確な情報を得ることができない。しかし，一筆ごとの敷地や土地利用に関しては地籍図を利用することができる。京都に関する地籍図は，明治中期に作成された公図が，現在でも京都地方法務局におい

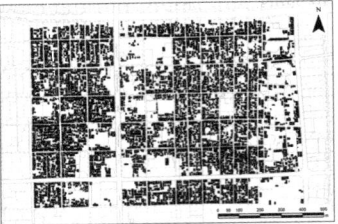

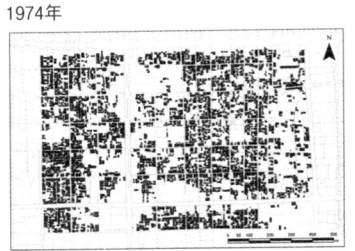

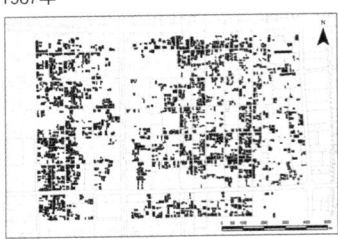

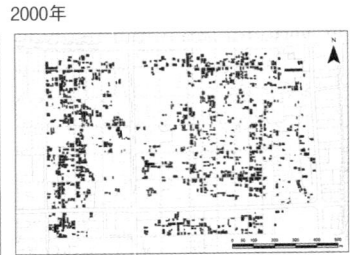

図4-22 昭和期における京町家の減少過程
（河角ほか（2004）より転載）

て閲覧できる。しかし，現物はかなり劣化しているものが多く，分筆・合筆によって地割が大幅に変化している。

　一方，明治末期における市街地の拡大に伴い，土地の分筆・合筆の増加が予想されたことから土地取引の円滑化を目的として，京都商工会議所などが中心となり大正元年『京都地籍図』

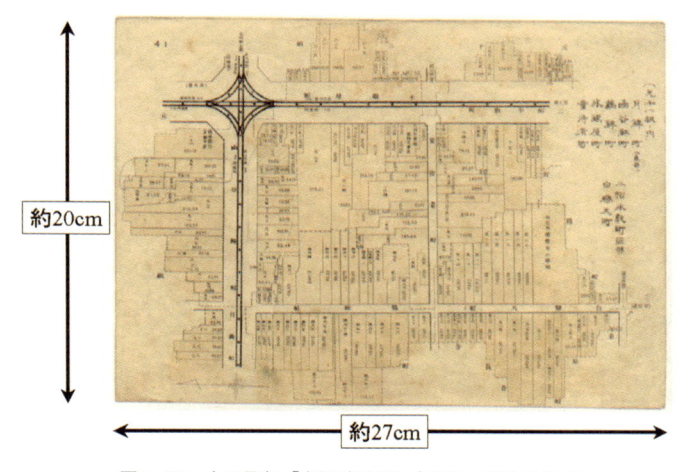

図4-23　大正元年『京都地籍図』（1300～1500分の1）

が作成された．土地法典の1つであるこの地籍図は，当時の市街地に加え，市街地の拡大が予想される周辺の町村もカバーする南北約9 km，東西約6 kmの範域を対象としたものである．そして，縮尺はおおむね1200～2000分の1で作成されており，約20 cm×約27 cmのカード式で375枚の紙地図で構成されている．さらに，個々の地割に対応した付録土地台帳（地番，等級，地目，反別，地価，住所，地主姓名）が完備されている（井上ほか 2004）．大正元年『京都地籍図』は公図のように登記の変化が記載されないため，1時点における地割の状況が図化されており，デジタル化に最も適した資料である．

　そこで，本研究では，大正元年『京都地籍図』の一筆ごとの地割に基づいて，当時の京町家の空間的分布を復原することにする．カード式の紙地図すべてをスキャナにてデジタル化し，

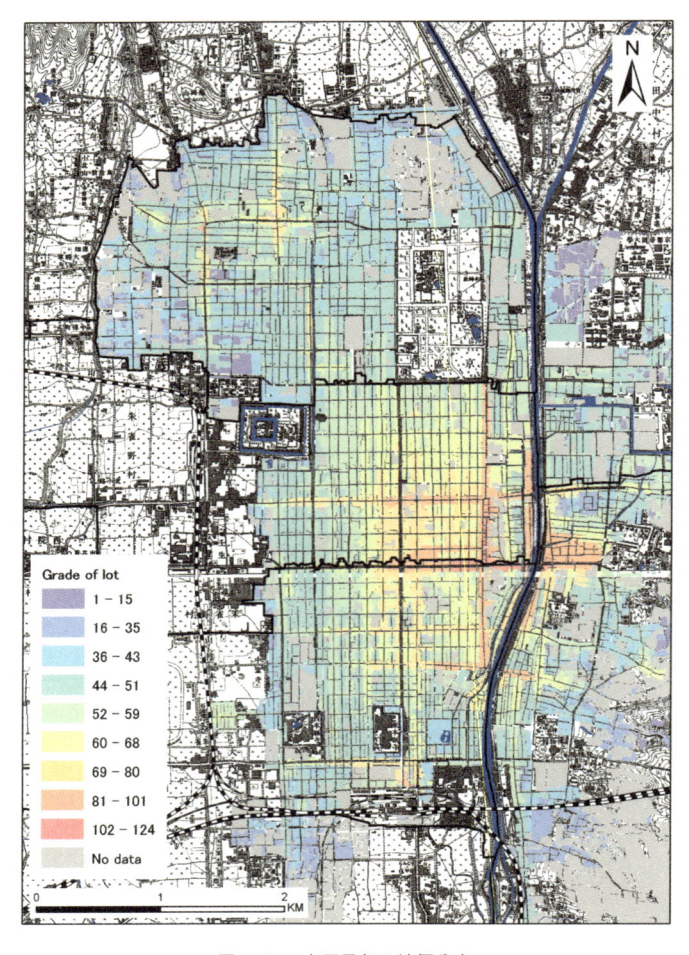

図4-24　大正元年の地価分布

一筆一筆の地割をポリゴン化した。そして，それらの地割ポリゴンを，空中写真と同様に，ArcGIS上のジオ・リファレンス機能を用いて「iPC住宅地図」と重ね合わせた。また，同時に約6万7千筆の地割に対応する付録土地台帳のデータベース化を行ない，地目，地価，等級などの主題を地図化できるように，大正元年『京都地籍図』の2次元GIS化を行なった（井上ほか2004）（図4-23）。

　当時の京都の地価分布を，坪単価に相当する等級でみると，最高地価は124等級（1坪当たり84円）であり，それらは新京極通りと錦小路通りの交わる付近にみられる。現在の最高地価は四条河原町交差点付近であるが，当時の河原町通りはまだ拡幅前で，市電も走っておらず，地価は65等級（1坪当たり8.5円）で非常に低かったことがわかる。

　市域全体で，地価の高い地域は，いわゆる田の字地区で，寺町通り，三条通り，四条通り沿いが特に高かった。そして鴨川を挟んで先斗町通りと祇園地域も相対的に高地価であった。また，上京区では，丸太町から中立売の堀川通り，今出川大宮付近，千本中立売付近の西陣地区でも高かったことがわかる（図4-24）。

5　4次元GISとしての京都バーチャル時・空間

　これまで構築してきた，現在と過去の3次元GISとしての京都バーチャル空間を，コンピュータ上に一度に取り込むことに

よって，時間次元を取り入れた4次元 GIS としての京都バーチャル時・空間を構築することができる。

この4次元 GIS を用いることによって，これまでの2次元や3次元の GIS では扱うことのできなかったさまざまなトピックスを扱うことができるようになる。ここでは，京都バーチャル時・空間を用いた適用事例を紹介していくことにしよう。

● **景観シミュレーション**

京都市は，市街地における景観の維持，向上を目指して1972（昭和47）年に全国に先駆けて「京都市市街地景観条例」を制定し，美観地区，特別保全修景地区などの制度で，京都の特色ある歴史的な町並みの整備に努めてきた。また，景観法の施行に伴い，景観やまちづくりへの関心がさらに高まりつつある。

京都の景観の重要な要素に東山・北山・西山の三山がある。京都の伝統行事の1つである五山の送り火は，高層建築物が建設されるまでは街中のあらゆるところからみることができた。

ここでは，四条大橋の橋の上から東山の大文字山の眺望の景観シミュレーションをこの京都バーチャル時・空間を活用して行なうことにする。建物の高さは，都市計画の用途地域規制によって定められた，容積率や高度制限によって，上限が定められる。それらの線引きは，これまで街区などをもとに面的に行なわれてきた。しかし，近年では眺望に関する景観評価も重要となってきている。

通常の2次元地図からだけでは，どの建物が眺望の妨げに

なっているのかを容易に特定することはできない。しかし，GISを用いれば，可視領域を特定することもできるし，3次元GISを用いれば，実際に，どのような景観になるのかを，バーチャル空間において視覚化させることができる。

　四条大橋から大文字山を望む視角（ここでは，四条大橋の中心から，大文字山の大の字の中心までの直線の左右に2度刻みで10度までの視角を段階的に設定する）内の建物の高さを7.5mに抑えた場合の眺望をシミュレーションする（図4-25）。当該範囲に含まれるいくつかの建物の高さを下げることにより，四条大橋から大文字山を望むことができるようになる（図4-26）。当該地域は，主に都市計画では「商業地域」であり，高さ

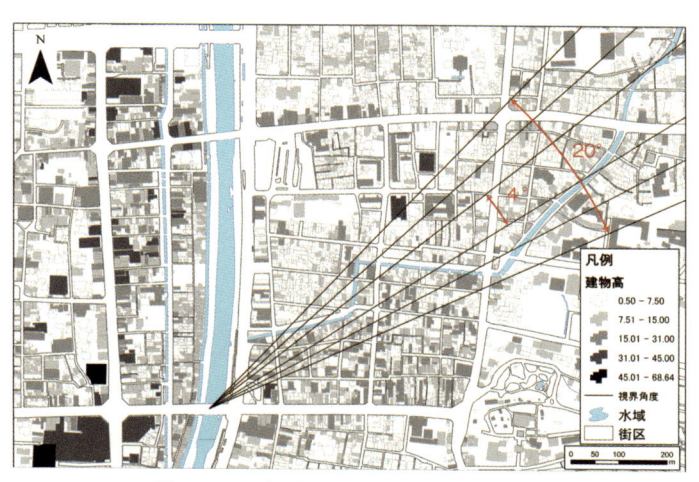

図4-25　四条大橋から大文字山の2次元GIS

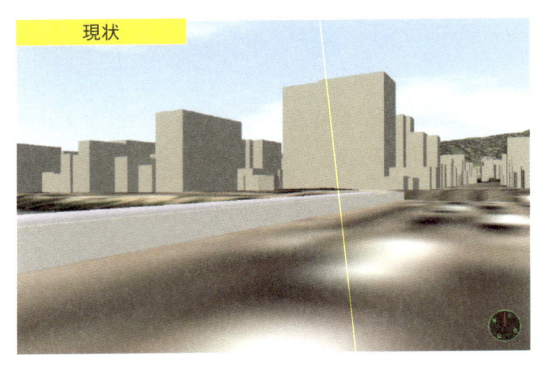

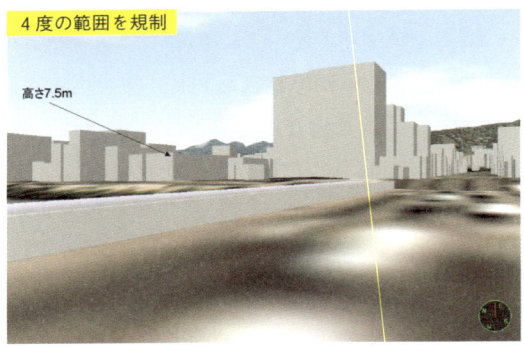

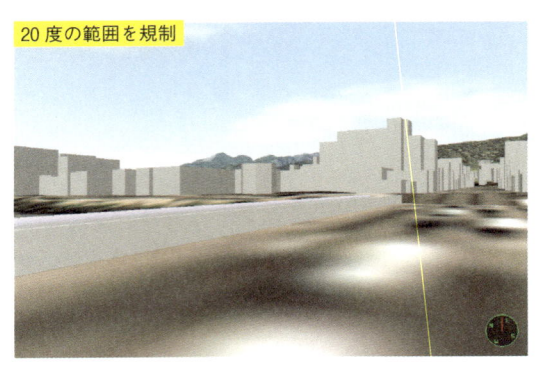

図4-26 高さ制限による修景シミュレーション

制限は31mである。しかし，図中の網掛けに含まれる建物を次の建替え時に7.5mに抑えることができれば，景観の「修景」が可能となる。景観は京都の貴重な観光資源の1つである。

● 京都の町並みの景観変遷

　京都の街中の京町家を含めた町並みの景観は，どのように変化してきたのであろうか。ここでは，空中写真を用いた昭和初期から現在に至るまでの街中の京町家の空間的分布を特定した2次元GISをベースに，3次元で景観変遷を視覚化する。

　京町家以外の建物に関しては，現在の3次元GISを元に空中写真や過去の住宅地図などを参考にしながら，それらの3次元形状モデルを配置した。

　昭和初期から現在までの6つの時期の景観変遷を示したものが図4-27である。この町並み景観は，四条河原町あたりの上空から北西方向を見下ろしたものである。2次元GISでみた京町家の衰退だが，3次元そして4次元のGISでは視覚的にさらに多くのことを物語る。

● 山鉾を含めた町並み景観

　14世紀から現在まで受け継がれてきた祇園祭り山鉾巡行が，4次元GISとしての京都バーチャル時・空間の中で町並み景観の変貌をより明確にしてくれる。山鉾は，京の町並みの移り変わりをどのようにみてきたのであろうか。

　最も高い長刀鉾で約25mもの高さがあり，近世では低層の

1928年

1948年

1961年

図4-27 町並みの

1974年

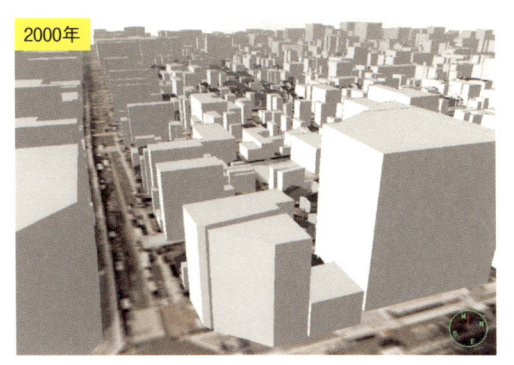

1987年

2000年

景観変遷

4 デジタル地図を4次元化する —— 135

京町家が密集した街中で，山鉾は非常に大きなオブジェクトであったであろう。現在，四条通りにビルが乱立することにより，山鉾はビルの谷間に埋もれてしまった（図4-28（a）〜（d））。

● 京都アート・エンタテインメント

　本章の冒頭に述べたように，「京都アート・エンタテインメント創成研究」では，ここで作成された京都バーチャル時・空間上に，近世以降のさまざまな古典芸能のデジタル・コンテンツを，当該の時・空間上に配置していく計画である。このプログラムの約30のプロジェクト研究の中には，能楽や歌舞伎などの舞踊のデジタル・アーカイブ化，能面の詳細なCG作成，歌舞伎絵からの役者の顔の復原，南座や能舞台のCG作成，平安貴族の日記のデジタル化，などなど，人文科学と情報科学の融合による最先端の研究が繰り広げられている。

　こうしたデジタル・コンテンツは時間と空間の位置情報をもつことから，時間次元を取り入れた4次元の京都バーチャル時・空間上に配置することができる。そして，コンピュータを介して，自由自在に動き回ることが可能であり，タイムカプセルのような時・空間移動もコンピュータ上で実現する。

　現在の四条通りを歩きながら四条大橋を渡り，南座の前に立つ（図4-29）。南座の入口の扉を開けると南座の舞台がみえる（図4-30）。そこでは，江戸時代の歌舞伎が演じられている。

　こうしたシームレスな空間移動――京都盆地全体から四条通り界隈へ，そして，南座から舞台上まで――に加え，現在から

図 4-28(a) 四条御幸町南側付近から（大正元年）

図 4-28(b) 四条御幸町南側付近から（現在）

4 デジタル地図を4次元化する —— 137

図4-28(c) 四条河原町西入南側付近から（大正元年）

図4-28(d) 四条河原町西入南側付近から（現在）

138

図4-29 南座の正面

図4-30 南座の舞台
（立命館大学田中覚研究室作成）

図4-31　京都バーチャル時・空間のインターネット配信の一例

140

昭和初期,大正初期,そして近世へといった時・空間移動を,この京都バーチャル時・空間は可能とするのである。

この京都バーチャル時・空間は,現在,立命館大学地理学教室が試験的に配信しはじめている。GISソフトや大容量のGISデータを自分のパソコンにもたずして,京都の街中を自由自在にフライ・スルーやウォーク・スルーできるのである(図4-31)。近い将来インターネットを通して,京都バーチャル時・空間は,国内外に配信され,多くの人々に共有されることになるであろう。

終章　デジタル地図からバーチャル空間へ

　1980年代後半に欧米ではじまった地理情報システム（GIS）革命は，紙地図からデジタル地図への変換とともに，2次元GISから3次元GISへの拡張を可能にした。そしてさらに，時間次元を取り入れた4次元GISへと発展している。

　一般に，3次元GISとよばれるものは，現実空間の3次元をそのままコンピュータ上に再現するもので，仮想空間あるいはバーチャル空間などともよばれる。地理学者が扱っていた空間概念は，これまでみてきたように，絶対空間から相対空間に広げられ，コンピュータの中のデジタル地図，そしてGISとVR技術を融合させた仮想空間へと展開してきている。そして，現在，インターネットで結ばれた巨大な情報空間であるサイバー空間をも研究対象にしつつある。

　21世紀を迎え，GISystemsがGIScienceへ発展する中で，GISはもはや，特定の学問分野だけのものではなく，多様な空間概念を扱うという意味において，すべての学問分野がGISと接点をもつことになるといえる。米国のGISの主要な学協会の国立地理情報・分析センター（National Center for Geographic

Information and Analysis），米国地理学会（the Association of American Geographers），地理情報科学大学コンソーシアム（the University Consortium for Geographic Information Science）などによって，2000年にGIScienceの国際会議が組織され，2年に一度，主に米国で国際会議が開催されている。そこでは，認知科学，コンピュータ科学，工学，地理学，情報科学，数学，哲学，心理学，社会科学，統計学といった多岐にわたる学問分野がGIScienceに大きく関わると謳われている。

　また，アカデミックな世界だけでなく，カーナビゲーションをはじめ一般へのサービス提供としてもGIS産業は展開している。2005年6月頃に大手検索エンジンの1つであるGoogleが，宇宙空間から1軒1軒の家屋までシームレスに閲覧できる，ある種の3次元WebGISとして，Google Earthをリリースした。Google Earthは，世界中の空間を自由に閲覧できる，夢のようなソフトである。Yahoo！やGoogleなどの大手IT企業がデジタル地図と情報検索サイトをインターネット空間上で融合させた，新しい空間を創出しはじめたのである。

　そしてまた，情報技術の発展は，情報の伝達手段あるいはコミュニケーション方法に新しい変革をもたらした。この新しい技術が従来の地理学的現象を理解するために不可欠な，地図の解釈法「近いものは遠いものよりも関係がある」を変化させてきている。人間は，五感を通して，物理空間上の対象の距離を認知してきた。情報技術の発展は，この対象の空間認知を，コンピュータ上に構築された仮想空間上での擬似体験を通して可

能としつつある。

　現実世界の理解や解釈が，人間の五感によって得られる情報から獲得されるものであるとするならば，SF映画『マトリックス』の世界のように，それらはコンピュータを介しての脳への刺激に置き換えられるといえるかもしれない。

　2004年秋，京都大学で行なわれた日本バーチャル・リアリティ学会に参加したが，グローブを装着し，手を動かすと，ディスプレイ上のアバター（avatar：チャットなどのコミュニケーションツールで，自分の分身として画面上に登場するキャラクター）も同じ動作をし，バーチャル空間でメロンやイチゴの果実をつかみ，匂いをかぐことができる。また，高性能なグローブを介して，布地の手触りを実感できる装置も開発されつつある。インターネット空間を通しての視覚と聴覚の体験が一般的になり，今後は，臭覚や触感などの擬似体験を通しての空間認識も可能となるだろう。

　コンピュータを通して，新しく創出される現実空間のモデルである仮想空間は，これまでの地図以上に「みてわかる（I see)」というまさに文字通りの，現実世界の理解を革新的に発展させつつある。空間の科学を標榜する地理学は，このコンピュータが創り出す新しい仮想空間をどのように分析するのか，そして，現実世界の理解にどのように役立たせることができるのかが問われている。

参考文献

秋元律郎(1989)『都市社会学の源流』養正社
足利健亮編(1994)『京都歴史アトラス』中央公論社
井上学・矢野桂司・磯田弦・中谷友樹・塚本章宏(2004)「『京都地籍図』を用いた近代京都の景観復原―GISを援用した空間データ整備―」『2004年人文地理学会大会研究発表要旨』2004, 66-67
河角龍典・矢野桂司・磯田弦・河原大・河原典史(2004)「昭和・平成期の京町家バーチャル時・空間―京町家時・空間データベース及びVR技術を用いた京町家の減少過程の復原―」『民俗建築』126, 65-71
京都市(1999)『京町家まちづくり調査集計結果』京都市都市計画局
京町家作事組編著(2002)『町家再生の技と知恵』学芸出版社
グールド著, 矢野桂司・立岡裕士・水野勲共訳(1994)『現代地理学のフロンティア(下)』地人書房
倉沢進編(1986)『東京の社会地図』東京大学出版会
倉沢進・浅川達人編(2004)『新編東京圏の社会地図1975-90』東京大学出版会
ウィッシュ・クラスカル, 髙根芳雄訳(1980)『多次元尺度構成法』朝倉書店
小林茂・杉浦芳夫(2004)『人文地理学』放送大学教育振興会
『測量』編集委員会・「電子国土」編集小委員会(2003)「3次元GIS」『測量』53-7, 13-20
髙橋康夫(2001)『京町家・千年のあゆみ』学芸出版社
中田高・今泉俊文編(2002)『活断層詳細デジタルマップ』東京大学出版会
西尾章治郎・岸野文郎・塚本昌彦・山本修一郎・石田亨・川田隆雄(1999)『相互の理解』岩波書店

ノックス著,小長谷一之訳(1993)『都市社会地理学(上)』地人書房
藤目節夫(1983)「中四国地域の交通条件の相対的評価に関する研究」『地理学評論』56, 754-768
森谷尅久(1979)「京都の大火災と町共同体」『歴史公論』5-10, 44-50
Batey, P. and Brown, P. (1995) From human ecology to customer targeting: the evolution of geodemographics, In Longley, P. and Clarke, G. eds., *GIS for business and service planning*, Geoinformation International.
Dodge M., Smith A. and Doyle S. (1997) Virtual Cities on the World-Wide Web: Towards a Virtual City Information System, GIS Europe 6-10, pp.26-29.
Dorling, D. (1995) *A New Social Atlas of Britain*, John Wiley.
Dorling, D. and Thomas, B. (2004) *People and Places: A 2001 Census Atlas of the UK*, Policy Press.
Harris, R., Sleight, P. and Webber, R. (2005) *Geodemographics, GIS And Neighbourhood Targeting*, John Wiley & Sons Inc.
Ishida, T. (2002) Digital City Kyoto: Social Information Infrastructure for Everyday Life, *Communications of the ACM (CACM)*, Vol. 45, No. 7, pp.76-81.
Longley, P. A., Goodchild, M. F., Maguire, D. J. and Rhind, D. W. (2001) *Geographic Information Systems and Science*, John Wiley & Sons Ltd.
Shiode, N. (2001) 3D urban models: recent developments in the digital modeling of urban environments in three dimensions, *GeoJournal*, 52, pp.263-269.

あとがき

　筆者が立命館大学文学部地理学教室に赴任してから約13年が経過した。この間，日本におけるGIS革命の渦中に身を置きながら，地理学におけるGIS研究の普及・啓蒙活動と，地理学以外のGIS関連分野に対する地理学からの情報発信を行なってきた。
　地図は地理学の専売特許ではない。しかし，現実世界を地図を通して解釈したり，理解したりする方法を伝えたり，びっくりするような地図をみせたりすることは地理学者の楽しみの一つである。そうした中で，筆者は，GISを通してでなければ作成することも，みることもできない地図を作成し，多くの人が地理学に関心や興味をもってもらえるような入門書を著したいと思っていた。それが本書である。
　1990年代にGISのSが，ツールとしてのシステム（Systems）のSから，学問の一分野である科学（Science）のSへ変化する中で，地理学者はこの変革をどのように受け入れ，地理学という学問をいかに展開させていくべきか，あるいはGIS関連分野とどのように協同していくべきなのかを考えていかなくてはならない。
　2002年12月から実質的にスタートした21世紀COEプログラム「京都アート・エンタテインメント創成研究」に主体的に

かかわることができ，これまでの地理学ではあまり例のない，他分野との協同，あるいは産官学地連携を通しての大規模な研究プロジェクトを体験することができた。地理学という学問分野と他の学問分野の協同が新しい学問分野を創出する可能性があること，官民を含め研究成果の一部が社会に実践的に役立つ，あるいは社会から求められているということも研究を通して実感することができた。その体験が読者に伝えられれば幸いである。

なお，特に，第2, 3章は，平成15-17年度文部科学省科学研究費補助金・基盤研究（B）「WebGISを用いた官庁統計データベース構築に関する研究」（代表者：矢野桂司），第4章は，平成14-18年度文部科学省21世紀COEプログラム「京都アート・エンタテインメント創成研究」（研究代表者：川嶋將生），及び平成13-17年度文部科学省「私立大学学術高度化推進事業」オープン・リサーチ・センター整備事業「デジタル時代のメディアと映像に関する総合的研究」（研究代表者：川嶋將生）の研究成果の一部である。

また，京町家外観悉皆調査のデータベースを利用させていただいた，京都市都市計画課都市企画部都市づくり推進課，特定非営利活動法人京町家再生研究会に感謝いたします。

最後に，この研究プロジェクトの推進に一緒に取り組んでいる立命館大学地理学教室のスタッフ（特に，中谷友樹先生，磯田弦先生，河原典史先生），文学部の河角龍典先生，COE招聘教授の高瀬裕先生，大学院生の河原大君（現，（株）キャドセン

ター），井上学君，塚本章宏君，桐村喬君に，そして，京町家外観調査や大正元年地籍図の GIS 化などに協力いただいた多くの地理学専攻の大学院学生，学部学生に対しても記して感謝いたします。

2005 年 10 月
初秋のロンドンにて
矢野桂司

■著者紹介
矢野桂司（やの・けいじ）
1961 年　兵庫県生まれ。
1988 年　東京都立大学大学院理学研究科博士課程中途退学。
現　在　立命館大学文学部教授。博士（理学）。
著　書　『地理情報システムの世界―GIS で何ができるか―』（ニュートンプレス，1999 年),「空間的相互作用モデル」杉浦芳夫編『地理空間分析』（朝倉書店，2003 年),「都市システム」「地理情報システム（GIS）革命」「地理情報科学」小林茂・杉浦芳夫編『人文地理学』（放送大学，2004 年),「ジオコンピュテーション」村山祐司編『地理情報システム』（朝倉書店，2005 年)，ほか。

【叢書・地球発見 6】
デジタル地図を読む

2006 年 8 月 1 日　初版第 1 刷発行　　（定価はカバーに表示しています）

著　者　　矢　野　桂　司
発行者　　中　西　健　夫
発行所　株式会社　ナカニシヤ出版
〒606-8161　京都市左京区一乗寺木ノ本町 15
TEL (075)723-0111
FAX (075)723-0095
http://www.nakanishiya.co.jp/

Ⓒ Keiji YANO 2006　　　　　　　　印刷／製本・太洋社
落丁・乱丁本はお取り替えいたします
Printed in Japan
ISBN4-7795-0006-0　C0325

叢書 地球発見

企画委員 … 千田　稔・山野正彦・金田章裕

1　地球儀の社会史　　　　　　　　　　　　　　千田　稔
　　　―愛しくも，物憂げな球体―　　　　　　　　1,700円

2　東南アジアの魚(うお)とる人びと　　　　　　　田和正孝
　　　　　　　　　　　　　　　　　　　　　　　　1,800円

3　『ニルス』に学ぶ地理教育　　　　　　　　　村山朝子
　　　―環境社会スウェーデンの原点―　　　　　　1,700円

4　世界の屋根に登った人びと　　　　　　　　　酒井敏明
　　　　　　　　　　　　　　　　　　　　　　　　1,800円

5　インド・いちば・フィールドワーク　　　　　溝口常俊
　　　―カースト社会のウラオモテ―　　　　　　　1,800円

6　デジタル地図を読む　　　　　　　　　　　　矢野桂司

■以下続刊　定価1,500～2,000円・四六判並製・平均200頁・仮題。
　　近代ツーリズムと温泉　　　　　　　　　　　　関戸明子
　　東アジア都城紀行　　　　　　　　　　　　　　高橋誠一
　　地図で教える国際教育　　　　　　　　　　　　西岡尚也
　　生きもの秘境のたび　　　　　　　　　　　　　高橋春成
　　世界を写した明治の写真帖　　　　　　　　　　三木理史
　　韓国・伝統文化の旅　　　　　　　　　　　　　岩鼻通明

ヴァーチャル京都：GIS と VR

矢野桂司・中谷友樹・磯田 弦 編

最先端の GIS と VR 技術で、歴史・文化都市京都の姿をビジュアルに描く。京都をディープに知るためのアドバンス・ガイドブック

近刊・予価2,400円・Ｂ５判・オールカラー・仮題